Trigonometría Esférica

Teoría y problemas resueltos

Trigonometría Esférica

Teoría y problemas resueltos

M.ª Asunción Iglesias Martín
Doctora en Ciencias Matemáticas

eman ta zabal zazu

Universidad del País Vasco
servicio editorial

Euskal Herriko Unibertsitatea
argitalpen zerbitzua

ISBN: 84-8373-640-3
Depósito Legal/Lege Gordailua: BI-1918-04

Fotocomposición/Fotokonposizioa: Ipar, S. Coop.
Particular de Zurbaran, 2-4 - 48007 Bilbao

Impresión/Inprimatzea: Itxaropena, S.A.
Araba Kalea, 45 - 20800 Zarautz (Gipuzkoa)

A María

La trigonometría esférica en la navegación fue muy importante en el desarrollo de la cultura ibérica. Sin el sextante y la trigonometría esférica hubiera sido muy difícil navegar. La combinación de la trigonometría esférica junto con el descubrimiento vasco de que si pones bacalao en sal tienes comida para un largo viaje dio muchos frutos.

Joseph Wolf.
Matemático
CAMPUSA, *nº 7*, pp. 32-33

INTRODUCCIÓN

Este texto constituye la nueva versión, corregida y aumentada, de la obra *Trigonometría Esférica. Breve Introducción a la Navegación* (Leioa, 1996). En él, además de la teoría, se incluye la resolución de un gran número de ejercicios en cada uno de los temas, así como una relación de problemas para que el lector los resuelva.

Nuevamente tengo que dar las gracias a los alumnos ya que si, en alguna medida, se ha conseguido que este libro sea más completo que el anterior, se debe a las observaciones, cuestiones y dudas que ellos me han ido planteando a lo largo de los años que llevo impartiendo la asignatura de "Trigonometría Esférica", y sin las cuales hubiera sido imposible su realización.

Mª ASUNCIÓN IGLESIAS MARTÍN
Profesora de Trigonometría Esférica y Cálculo Matricial
Escuela Técnica Superior de Náutica y Máquinas Navales
Nautikako eta Itsasontzi Makinetako Goi Eskola Teknikoa
U.P.V./E.H.U.

INDICE

Tema 1

Triángulos esféricos y sus propiedades

1.1. **Triángulo esférico**

Triángulo esférico es la figura formada sobre una superficie esférica por tres arcos de circunferencia máximos (Fig. 1.1).

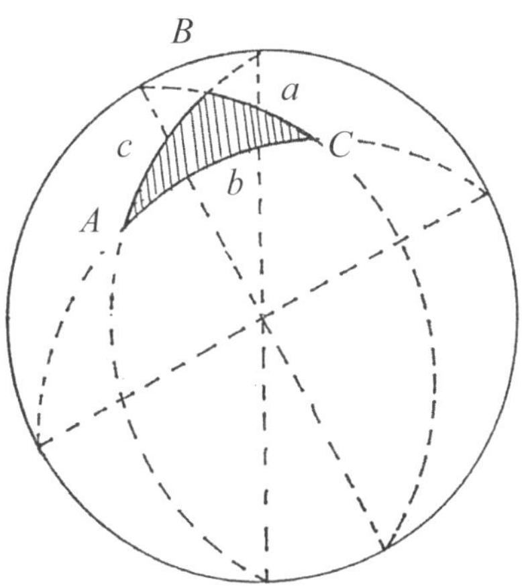

Figura 1.1

Todo triángulo esférico consta de tres vértices, tres lados y tres ángulos. En este caso, tanto los lados como los ángulos se miden en grados. Si se desea conocer la dimensión lineal de un lado, será necesario saber el radio de la esfera relativa al triángulo. En la práctica náutica se considerará que la tierra es una esfera perfecta, y en ella cada minuto de un arco de circunferencia máxima, es equivalente a una milla náutica.

La notación empleada es la misma que para los triángulos rectilíneos, es decir, *A, B* y *C* para los ángulos y *a, b* y *c* para los lados.

1.2. **Triedro correspondiente al triángulo**

Si unimos el centro de la esfera con los vértices *A, B* y *C* se forma un triedro convexo, es decir, sus caras y ángulos diedros son menores que 180°.

Teniendo en cuenta lo anterior, también se puede definir el triángulo esférico como la porción de superficie esférica obtenida por la intersección de un triedro convexo con una esfera cuyo centro coincida con el del triedro, de tal manera que cada diedro corresponde a un ángulo del triángulo esférico y cada cara del triedro es la medida de un lado de dicho triángulo, como se puede observar en la figura 1.2.

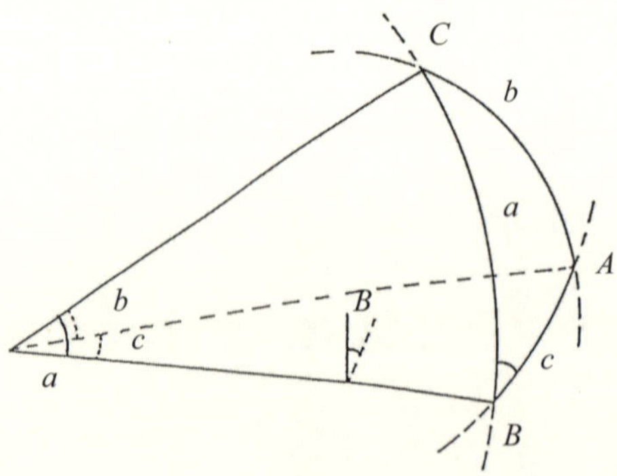

Figura 1.2

Sobre la arista *OB* se forma un ángulo diedro por la intersección de los planos *OBC* y *OAC*. Este diedro en su intersección con la superficie esférica forma el ángulo B del triángulo. Lo mismo sucede con las otras dos aristas.

Por otra parte, la cara *AOB* determina el ángulo formado en *O*, que es igual al arco *AB* (por ser ángulo central) y por lo tanto el valor de esta cara es el del lado *c*. Análogamente ocurre con las otras dos caras.

Como consecuencia de esta correspondencia se verifica que los ángulos diedros del triedro son iguales a los ángulos del triángulo esférico y el valor de las caras determina la medida de los lados de dicho triángulo.

1.3. **Triángulos esféricos polares o suplementarios**

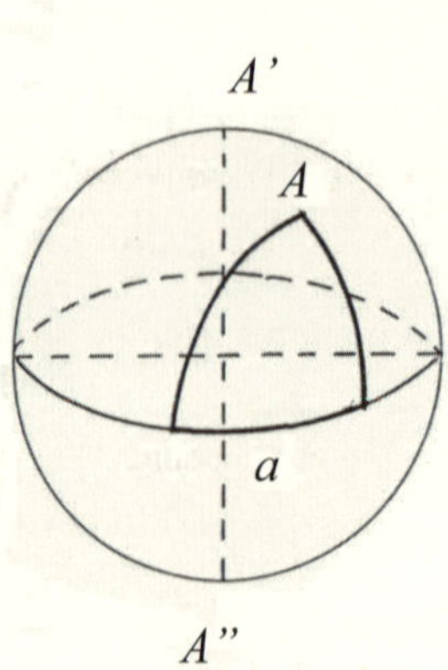

Figura 1.3

Se llaman polos de un círculo máximo a los extremos del diámetro perpendicular a dicho círculo (Fig. 1.3).

Se llama triángulo polar del triángulo *ABC* a otro formado por los vértices *A'B'C'* tales que: *A'* es el polo del círculo máximo del lado a que se encuentra en el mismo hemisferio que el vértice *A* respecto a dicho círculo máximo.

Análogamente para B' y C' (Fig. 1.4).

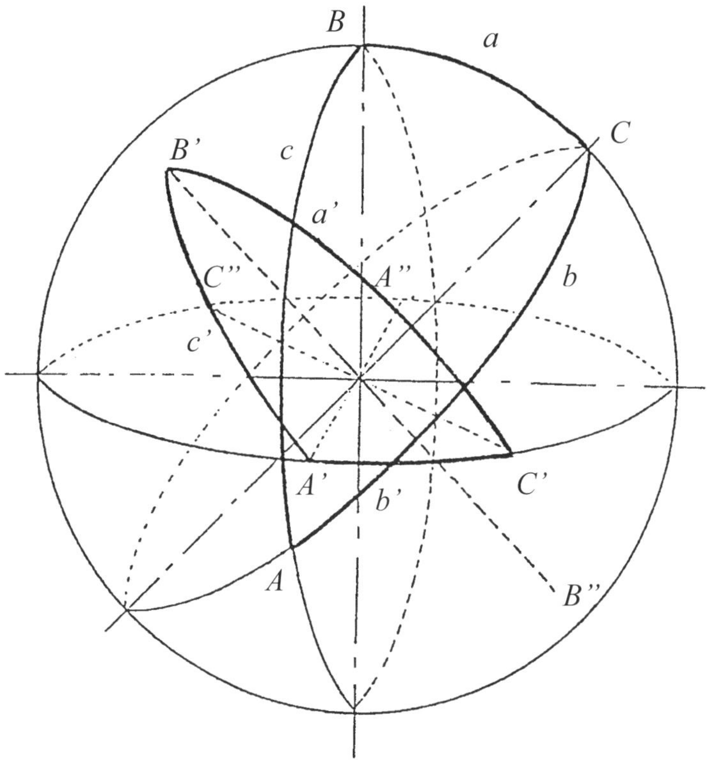

Figura 1.4

1.4. **Propiedades de los triángulos esféricos**

Las propiedades de los triángulos esféricos consecuencia de las propiedades de los triedros son las siguientes:

1. En todo triángulo esférico los lados y los ángulos son menores que dos rectos:

$$a, b, c, A, B \text{ y } C < 180°$$

2. Todo lado es menor que la suma de los otros dos y mayor que su diferencia:

$$b - c < a < b + c$$

3. La suma de los lados es menor que cuatro rectos:

$$a + b + c < 360°$$

4. La suma de los ángulos es mayor que dos rectos y menor que seis:

$$180° < A + B + C < 540°$$

5. A lados iguales se oponen ángulos iguales y viceversa:

$$a = b \Leftrightarrow A = B$$

6. A mayor lado se opone mayor ángulo y viceversa:

$$a < b \Leftrightarrow A < B$$

7. Todo ángulo aumentado en dos rectos es mayor que la suma de los otros dos:

$$A + 180° > B + C$$

Además de las propiedades relacionadas con los triedros, se verifican las siguientes:

8. La suma de dos lados es menor, mayor o igual que 180° si y solo si la suma de sus ángulos opuestos es menor, mayor o igual que 180°:

$$a + b < (>, =)\ 180° \Leftrightarrow A + B < (>, =)\ 180°$$

Demostración:

$a + b < 180° \Rightarrow A + B < 180°$?

$a + b < 180°$ y $b + b' = 180° \Rightarrow a + b < b + b' \Rightarrow$
$\Rightarrow a < b'$

Aplicando la propiedad 6 se obtiene:

$A' < 180° - B$

Pero $A' = A$ por estar en el mismo huso

$A < 180° - B \Rightarrow A + B < 180°$

$A + B < 180° \Rightarrow a + b < 180°$?

$A + B < 180°$ y $B + B' = 180° \Rightarrow A + B < B + B'$
$\Rightarrow A < B'$

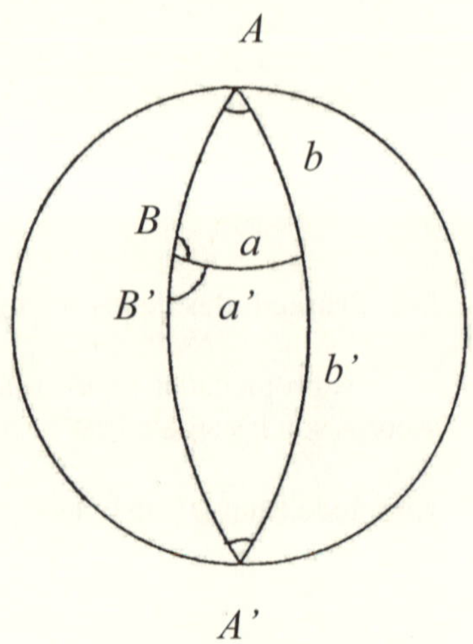

Figura 1.5

Aplicando nuevamente la propiedad 6 se obtiene:

$a < b' \Rightarrow a < 180° - b \Rightarrow a + b < 180°$

9. Entre un triángulo y su polar correspondiente se verifica que los lados de uno son suplementarios de los ángulos respectivos del otro.

Demostración:

En la figura 1.6 se verifica que $A'N = 90°$ y $C'M = 90°$, lo que sumado miembro a miembro queda:

$A'N + C'M = 180° \Rightarrow A'N + C'N + MN = 180°$

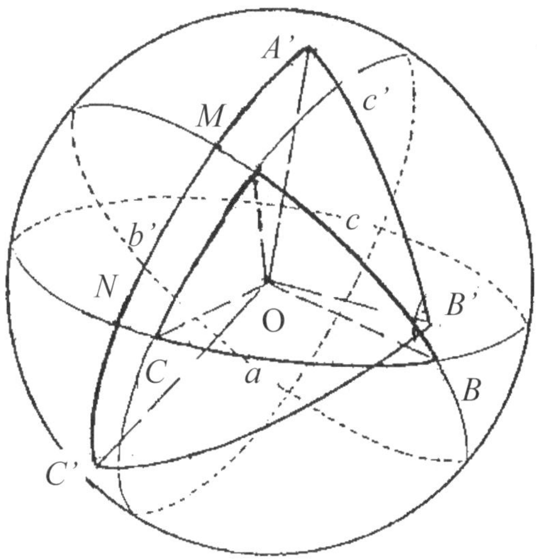

Figura 1.6

Pero $A'N + C'N = b'$ y $MN = B$, por lo tanto: $b' + B = 180°$

Análogamente, $B' + b = 180°$, $A' + a = 180°$, etc.

1.5. **Clasificación de los triángulos esféricos**

Teniendo en cuenta las propiedades de los triángulos esféricos, vemos que estos pueden tener uno, dos o tres ángulos rectos, así como uno, dos o tres lados rectos. Según esto, se clasifican en:

— Rectángulos: Tienen un ángulo recto.

— Birrectángulo: Tienen dos ángulos rectos.

— Trirrectángulos: Tienen tres ángulos rectos.

— Rectiláteros: Tienen un lado recto.

— Birrectiláteros: Tienen dos lados rectos.

— Trirrectiláteros: Tienen tres lados rectos.

Tema 2

Fórmulas que relacionan los elementos de un triángulo esférico

2.1. **Fórmulas que relacionan tres lados y un ángulo**

Proposición

En todo triángulo esférico el coseno de un lado es igual al producto de los cosenos de los otros dos lados mas el producto de los senos de esos mismos lados por el coseno del ángulo opuesto al primero.

Demostración

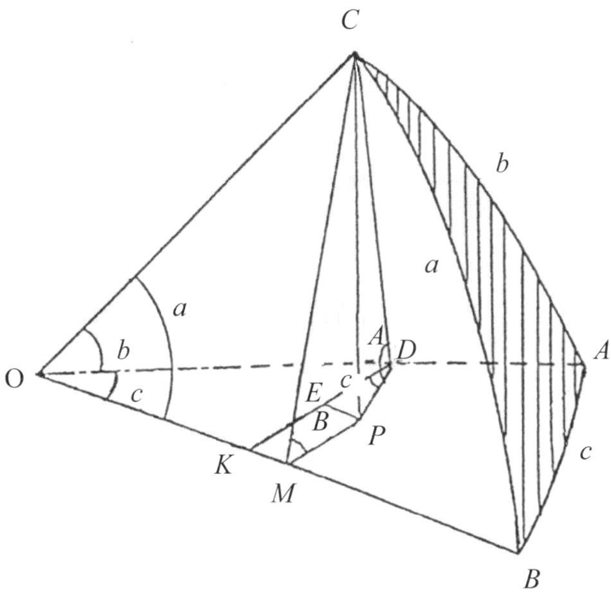

Figura 2.1

En la figura 2.1 se puede ver que:

$CP \perp$ plano OAB,
$PM \perp OB$, $PD \perp OA$ y
$EP \parallel KM$,
de donde $EP \perp DK$.

El ángulo CMP es igual al diedro formado sobre la arista OB, por lo tanto es igual al ángulo B.

El ángulo *CDP* es igual al diedro formado sobre la arista *CA*, por lo tanto es igual al ángulo *A*.

El ángulo *EDP* es igual al lado *c* por tener sus lados respectivos perpendiculares.

Geométricamente se cumple que $OM = OK + KM = OK + EP$ (1)

Aplicando las definiciones de funciones trigonométricas se tiene:

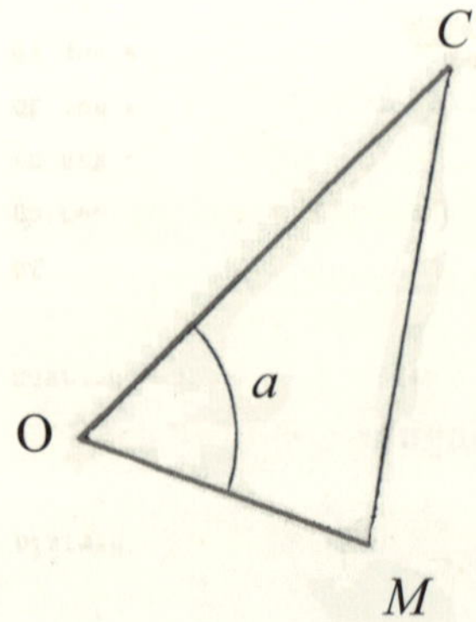

$OM = OC \cos a$ (2)

$OK = OD \cos c$

$OD = OC \cos b$

Por lo tanto,

$OK = OC \cos b \cos c$ (3)

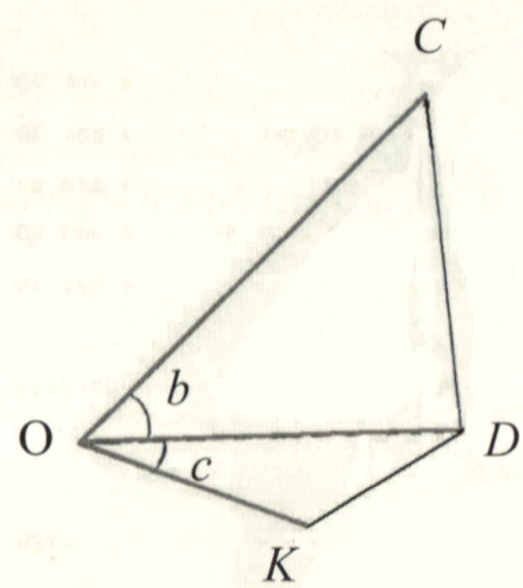

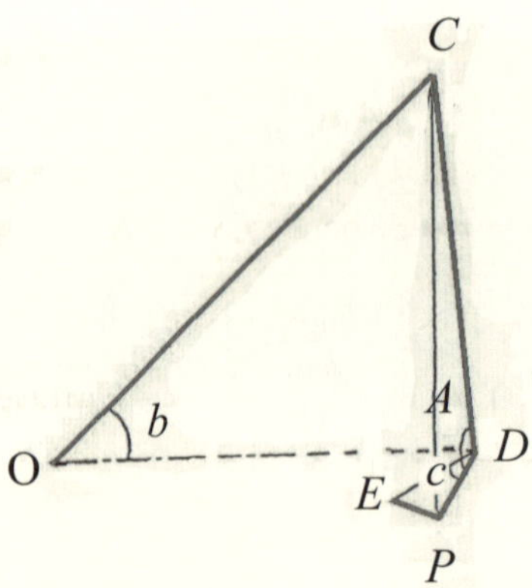

$EP = PD \operatorname{sen} c$

$PD = CD \cos A \Rightarrow EP = OC \operatorname{sen} b \operatorname{sen} c \cos A$ (4)

$CD = OC \operatorname{sen} b$

Sustituyendo (2), (3) y (4) en (1) se obtiene:

$$OC \cos a = OC \cos b \cos c + OC \operatorname{sen} b \operatorname{sen} c \cos A$$

Dividiendo por OC se consiguen las fórmulas:

$$\cos a = \cos b \cos c + \operatorname{sen} b \operatorname{sen} c \cos A$$

$$\cos b = \cos c \cos a + \operatorname{sen} c \operatorname{sen} a \cos B$$

$$\cos c = \cos a \cos b + \operatorname{sen} a \operatorname{sen} b \cos C$$

2.2. **Fórmulas que relacionan dos lados y sus ángulos opuestos**

Proposición

Los senos de los lados de un triángulo esférico son proporcionales a los senos de los ángulos opuestos.

Demostración:

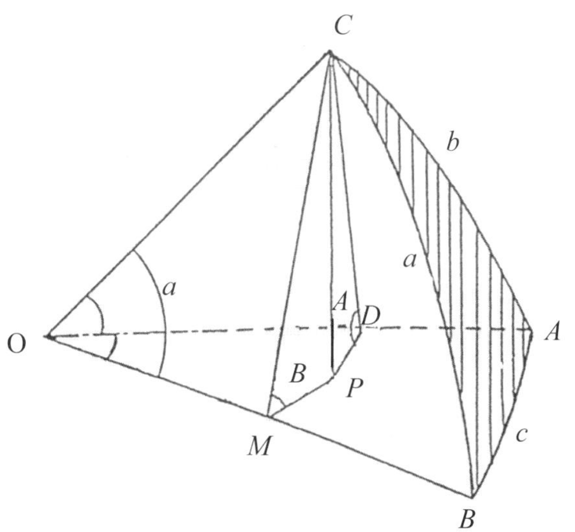

Figura 2.2

En la figura 2.2 se comprueba que:

$CP \perp$ plano AOB

$PD \perp OA$

$PM \perp OB$

Igual que en la figura del caso anterior, los diedros en M y D corresponden a los ángulos B y A del triángulo.

Por la definición de las funciones trigonométricas, se verifican las siguientes relaciones:

$CP = CM \operatorname{sen} B$

$CM = OC \operatorname{sen} a$

Por lo tanto,

$CP = OC \operatorname{sen} a \operatorname{sen} B$ (1)

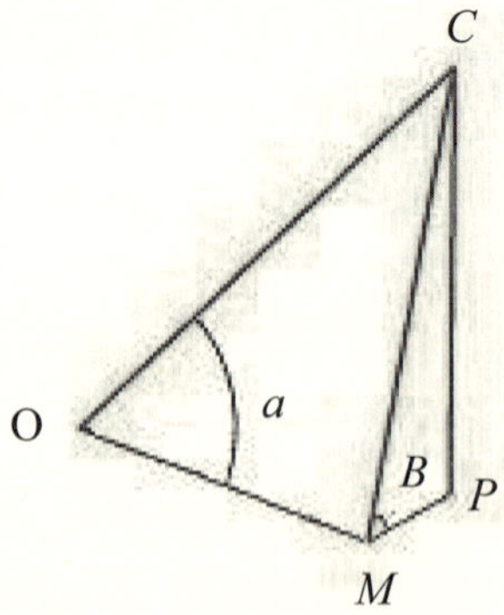

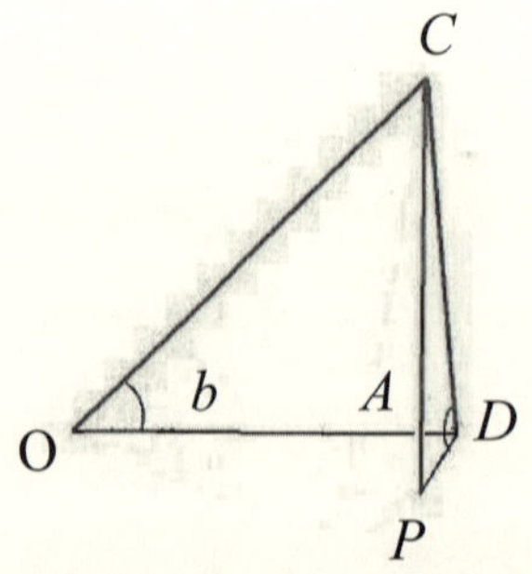

$CP = CD \operatorname{sen} A$

$CD = OC \operatorname{sen} b$

Por lo tanto,

$CP = OC \operatorname{sen} b \operatorname{sen} A$ (2)

Igualando los dos miembros de (1) y (2) se tiene:

$$OC \operatorname{sen} a \operatorname{sen} B = OC \operatorname{sen} b \operatorname{sen} A$$

Dividiendo por OC se obtiene:

$$\operatorname{sen} a \operatorname{sen} B = \operatorname{sen} b \operatorname{sen} A,$$

es decir:

$$\boxed{\frac{\operatorname{sen} A}{\operatorname{sen} a} = \frac{\operatorname{sen} B}{\operatorname{sen} b} = \frac{\operatorname{sen} C}{\operatorname{sen} c}}$$

2.3. **Fórmulas que relacionan dos lados, el ángulo comprendido entre ambos y el opuesto a uno de ellos**

Proposición

La cotangente de un lado de un triángulo esférico por el seno de otro es igual al coseno de éste último, por el coseno del ángulo comprendido, mas el seno de dicho ángulo por la cotangente del ángulo opuesto al primer lado.

Demostración

Considerando la figura 2.1 del primer caso se tiene:

$DK = ED + EK = ED + PM$ (1)

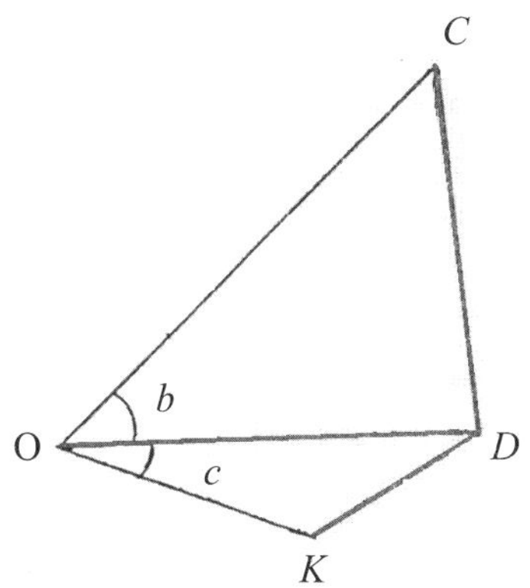

$DK = OD$ sen c

$OD = CD$ ctg b

Por lo tanto,

$DK = CD$ ctg b sen c (2)

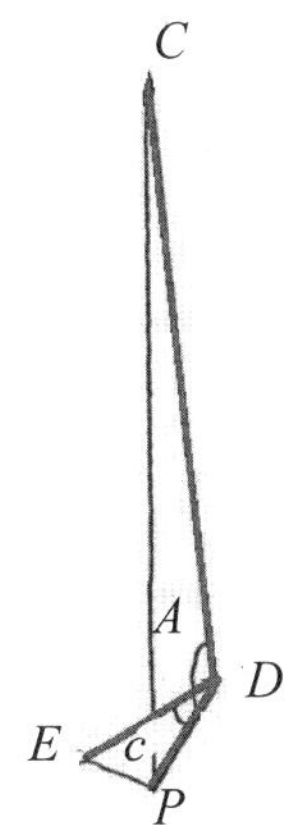

$ED = DP \cos c$

$DP = CD \cos A \Rightarrow$

$\Rightarrow ED = CD \cos c \cos A$ (3)

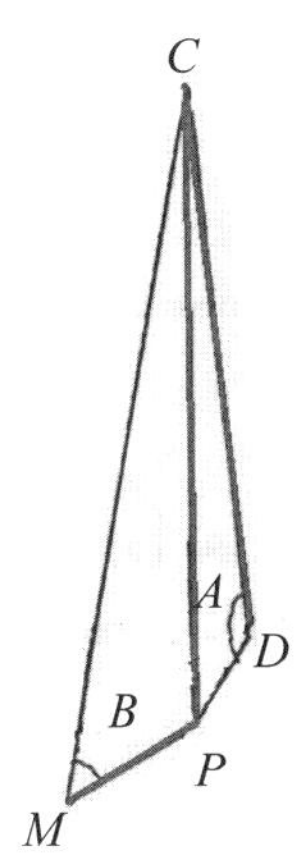

$PM = CP$ ctg B

$CP = CD$ sen $A \Rightarrow$

$\Rightarrow PM = CD$ sen A ctg B (4)

Sustituyendo (2), (3) y (4) en (1) y dividiendo por CD se tiene:

$$\begin{array}{|c|}\hline \text{ctg } b \text{ sen } c = \cos c \cos A + \text{sen } A \text{ ctg } B \\ \text{ctg } b \text{ sen } a = \cos a \cos C + \text{sen } C \text{ ctg } B \\ \text{ctg } a \text{ sen } b = \cos b \cos C + \text{sen } C \text{ ctg } A \\ \text{ctg } a \text{ sen } c = \cos c \cos B + \text{sen } B \text{ ctg } A \\ \text{ctg } c \text{ sen } a = \cos a \cos B + \text{sen } B \text{ ctg } C \\ \text{ctg } c \text{ sen } b = \cos b \cos A + \text{sen } A \text{ ctg } C \\ \hline \end{array}$$

2.4. **Fórmulas que relacionan tres ángulos y un lado**

Proposición

El coseno de un ángulo de un triángulo esférico es igual a menos el producto de los cosenos de los otros dos ángulos, mas el producto de los senos de los mismos por el coseno del lado opuesto al primer ángulo.

Demostración

Aplicando al triángulo polar de ABC, la fórmula obtenida en el primer caso se verifica:

$$\cos a' = \cos b' \cos c' + \text{sen } b' \text{ sen } c' \cos A'$$

Teniendo en cuenta la propiedad de los triángulos polares:

$$\cos (180° - A) = \cos (180° - B) \cos (180° - C) + \text{sen } (180° - B) \text{ sen } (180° - C) \cos (180° - a)$$

$$- \cos A = (- \cos B) (- \cos C) + \text{sen } B \text{ sen } C (-\cos a)$$

Cambiando los dos miembros de signo se obtiene:

$$\begin{array}{|c|}\hline \cos A = - \cos B \cos C + \text{sen } B \text{ sen } C \cos a \\ \cos B = - \cos C \cos A + \text{sen } C \text{ sen } A \cos b \\ \cos C = - \cos A \cos B + \text{sen } A \text{ sen } B \cos c \\ \hline \end{array}$$

Tema 3

Fórmulas particulares de los triángulos esféricos rectángulos

3.1. Fórmulas de los triángulos esféricos rectángulos obtenidas a partir de las fórmulas generales

Las fórmulas particulares de los triángulos rectángulos se obtienen a partir de las generales tomando $A = 90°$ y simplificando, como se demuestra en las proposiciones siguientes:

Proposición

El coseno de la hipotenusa es igual al producto de los cosenos de los catetos.

Demostración

De la fórmula $\cos a = \cos b \cos c + \operatorname{sen} b \operatorname{sen} c \cos A$ se obtiene:

$$\cos a = \cos b \cos c + \operatorname{sen} b \operatorname{sen} c \cos 90°$$

Es decir:

$$\boxed{\cos a = \cos b \cos c}$$

Proposición

El seno de un cateto es igual al seno de la hipotenusa por el seno del ángulo opuesto a dicho cateto.

Demostración

Partiendo de las fórmulas del seno, y teniendo en cuenta que sen $A = 1$, se tiene:

$$\frac{\operatorname{sen} a}{1} = \frac{\operatorname{sen} b}{\operatorname{sen} B} \quad y \quad \frac{\operatorname{sen} a}{1} = \frac{\operatorname{sen} c}{\operatorname{sen} C}$$

De donde:

$$\boxed{\begin{aligned} \operatorname{sen} b &= \operatorname{sen} a \operatorname{sen} B \\ \operatorname{sen} c &= \operatorname{sen} a \operatorname{sen} C \end{aligned}}$$

Proposición

La tangente de un cateto es igual a la tangente de la hipotenusa por el coseno del ángulo comprendido entre ambos.

Demostración

De las fórmulas:

$$\operatorname{ctg} a \operatorname{sen} b = \cos b \cos C + \operatorname{sen} C \operatorname{ctg} A$$

$$\operatorname{ctg} a \operatorname{sen} c = \cos c \cos B + \operatorname{sen} B \operatorname{ctg} A$$

se obtiene:

$$\operatorname{ctg} a \operatorname{sen} b = \cos b \cos C$$

$$\operatorname{ctg} a \operatorname{sen} c = \cos c \cos B$$

Es decir:

$$\frac{\operatorname{sen} b}{\cos b} = \cos C \frac{1}{\operatorname{ctg} a} \quad y \quad \frac{\operatorname{sen} c}{\cos C} = \cos B \frac{1}{\operatorname{ctg} a}$$

Por lo tanto:

$$\boxed{\begin{aligned} \operatorname{tg} b &= \operatorname{tg} a \cos C \\ \operatorname{tg} c &= \operatorname{tg} a \cos B \end{aligned}}$$

Proposición

La tangente de un cateto es igual al seno del otro cateto por la tangente del ángulo opuesto al primero.

Demostración

De las fórmulas:

$$\text{ctg } b \text{ sen } c = \cos c \cos A + \text{sen } A \text{ ctg } B$$

$$\text{ctg } c \text{ sen } b = \cos b \cos A + \text{sen } A \text{ ctg } C$$

sustituyendo las funciones trigonométricas de A por su valor, se obtiene:

$$\text{ctg } b \text{ sen } c = \text{ctg } B \quad \text{y} \quad \text{ctg } c \text{ sen } b = \text{ctg } C$$

Es decir:

$$\frac{\text{sen } c}{\text{ctg } B} = \frac{1}{\text{ctg } b} \quad y \quad \frac{\text{sen } b}{\text{ctg } C} = \frac{1}{\text{ctg } c}$$

Por lo tanto:

$$\boxed{\begin{array}{l} \text{sen } c \text{ tg } B = \text{tg } b \\ \text{sen } b \text{ tg } C = \text{tg } c \end{array}}$$

Proposición

El coseno de un ángulo es igual a la cotangente de la hipotenusa por la tangente del lado opuesto al otro ángulo.

Demostración

De las fórmulas:

$$\text{ctg } a \text{ sen } b = \cos b \cos C + \text{sen } C \text{ ctg } A$$

$$\text{ctg } a \text{ sen } c = \cos c \cos B + \text{sen } B \text{ ctg } A$$

Se obtiene:

$$\text{ctg } a \text{ sen } b = \cos b \cos C$$

$$\text{ctg } a \text{ sen } c = \cos c \cos B$$

Es decir:

$$\operatorname{ctg} a \operatorname{tg} b = \cos C$$
$$\operatorname{ctg} a \operatorname{tg} c = \cos B$$

Proposición

El coseno de la hipotenusa es igual al producto de las cotangentes de los dos ángulos adyacentes.

Demostración

Partiendo de la fórmula:

$$\cos A = -\cos B \cos C + \operatorname{sen} B \operatorname{sen} C \cos a$$

Se obtiene:

$$0 = -\cos B \cos C + \operatorname{sen} B \operatorname{sen} C \cos a$$

Es decir:

$$\cos a = \operatorname{ctg} B \operatorname{ctg} C$$

Proposición

El coseno de un ángulo es igual al producto del seno del otro ángulo por el coseno del lado opuesto al primer ángulo.

Demostración

De las fórmulas:

$$\cos B = -\cos A \cos C + \operatorname{sen} A \operatorname{sen} C \cos b$$
$$\cos C = -\cos A \cos B + \operatorname{sen} A \operatorname{sen} B \cos c$$

Se obtiene:

$$\cos B = \operatorname{sen} C \cos b$$
$$\cos C = \operatorname{sen} B \cos c$$

3.2. **Obtención de las fórmulas particulares de los triángulos esféricos rectángulos por medio del pentágono de Neper**

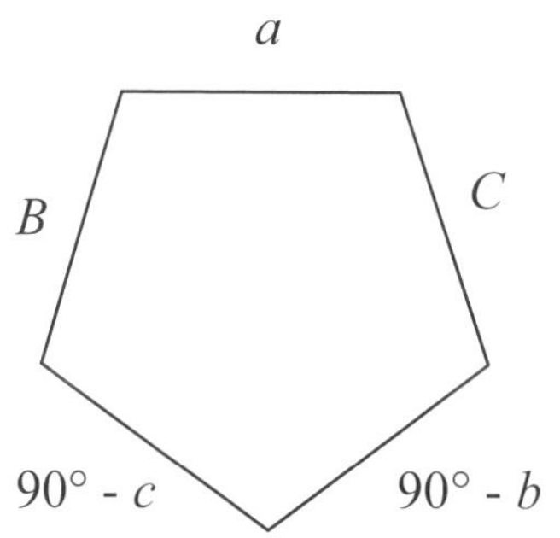

Figura 3.1

El pentágono de Neper da una regla para recordar las fórmulas de los triángulos esféricos rectángulos. Se construye un pentágono como indica la figura y aplicando las reglas siguientes, se van obteniendo las fórmulas vistas anteriormente:

Primera regla: Si los tres elementos que se quieren relacionar están seguidos, se verifica que el coseno del elemento del medio es igual al producto de las cotangentes de los elementos adyacentes.

Segunda regla: Si un elemento está separado de los otros dos, el coseno de dicho elemento es igual al producto de los senos de los elementos separados

Para relacionar a, b y c procederemos de la siguiente manera: como a está separado de b y c, se usa la segunda regla

$$\cos a = \text{sen}\,(90° - b)\,\text{sen}\,(90° - c) \Rightarrow \cos a = \cos b \cos c$$

Para relacionar c, a y C se usa la segunda regla:

$$\cos\,(90° - c) = \text{sen}\,a\,\text{sen}\,C \Rightarrow \text{sen}\,c = \text{sen}\,a\,\text{sen}\,C$$

Para relacionar b, c y B se aplica la primera regla:

$$\cos\,(90° - c) = \text{ctg}\,B\,\text{ctg}\,(90° - b) \Rightarrow \text{sen}\,c = \text{tg}\,b\,\text{ctg}\,B \Rightarrow \text{tg}\,b = \text{sen}\,c\,\text{tg}\,B$$

Para relacionar a, b y C se usa la primera regla:

$$\cos C = \text{ctg}\,a\,\text{ctg}\,(90° - b) \Rightarrow \cos C = \text{ctg}\,a\,\text{tg}\,b \Rightarrow \text{tg}\,b = \text{tg}\,a \cos C$$

Para relacionar a, B y C se aplica la primera regla:

$$\cos a = \text{ctg}\,B\,\text{ctg}\,C$$

Para relacionar B, C y c se usa la segunda regla:

$$\cos B = \text{sen}\,C\,\text{sen}\,(90° - b) \Rightarrow \cos B = \text{sen}\,C \cos b$$

3.3. **Propiedades de los triángulos esféricos rectángulos**

Primera propiedad:

Ningún lado puede ser cuadrantal (90°)

Demostración

ctg $B \neq 0$ y ctg $C \neq 0$, pues en caso contrario, el triángulo sería birrectángulo o trirrectángulo. Por lo tanto, de la fórmula: cos a = ctg B ctg C se obtiene que cos $a \neq 0$, es decir: $a \neq 90°$.

Por otra parte, partiendo de la fórmula sen b = sen a sen B, como ya se ha visto que $B \neq 90°$ y $a \neq 90°$, se verifica que sen $a \neq 1$ y sen $B \neq 1$, y como ambos factores son distintos de la unidad, deben ser menores que uno por ser dos senos, por lo tanto, su producto también será menor que uno, es decir: sen $b \neq 1$, por lo tanto $b \neq 90°$.

Lo mismo ocurre con el otro cateto.

Segunda propiedad:

Lado y ángulo opuesto son de la misma especie, es decir, ambos menores de 90°, o ambos mayores de 90°

Demostración

De la fórmula tg b = sen c tg B, como sen c es siempre positivo, los signos de tg b y tg B deben ser iguales, por lo tanto:

$$B < 90° \Leftrightarrow b < 90° \quad \text{y} \quad B > 90° \Leftrightarrow b > 90°$$

Tercera propiedad:

En todo triángulo esférico rectángulo, o los tres lados son mayores de 90°, o sólo uno de ellos es menor de 90° y los otros dos mayores.

Demostración

Analizando los signos de la fórmula cos a = cos b cos c se tiene:

(+) = (+).(+) Los tres lados son menores de 90°

(+) = (-).(-) Un lado menor y dos mayores de 90°

(-) = (+).(-) Un lado menor y dos mayores de 90°

(-) = (-).(+) Un lado menor y dos mayores de 90°

Cuarta propiedad:

Si los dos catetos son de la misma especie, la hipotenusa es aguda y si son de distinta especie, es obtusa.

Demostración

Analizando los signos de la fórmula cos a = cos b cos c, se tiene:

$\cos a = (+).(+) = (+) \Rightarrow a < 90°$

$\cos a = (+).(-) = (-) \Rightarrow a > 90°$

$\cos a = (-).(+) = (-) \Rightarrow a > 90°$

$\cos a = (-).(-) = (+) \Rightarrow a < 90°$

Quinta propiedad:

Un cateto es menor que su ángulo opuesto si ambos son menores de 90° y mayor en caso contrario.

Demostración

$$\text{sen } b = \text{sen } a \text{ sen } B \Rightarrow \quad \text{sen } a = \frac{\text{sen } b}{\text{sen } B}$$

Teniendo en cuenta que sen $a < 1 \Rightarrow$ sen $b <$ sen B

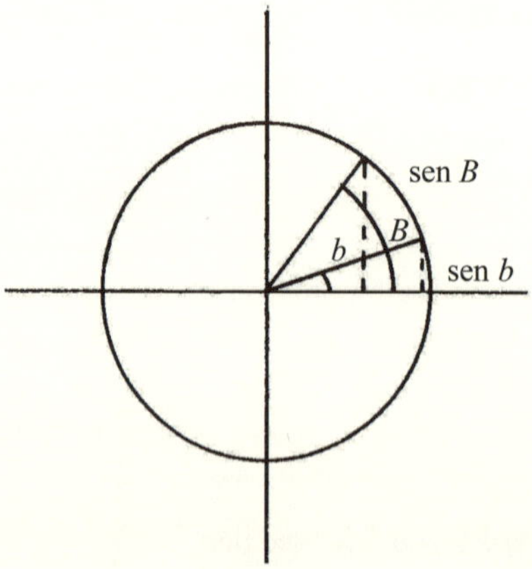

Figura 3.2

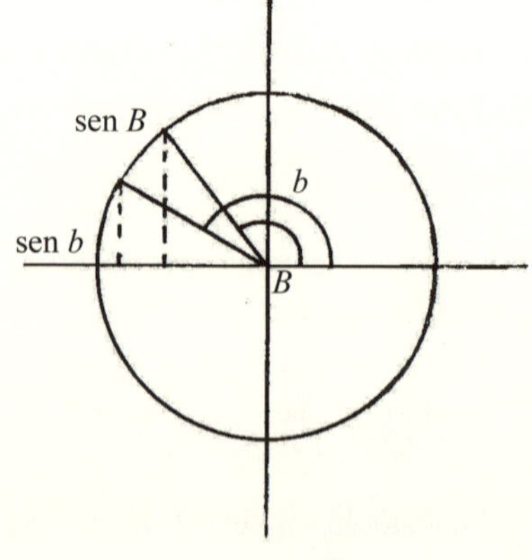

Figura 3.3

En las figuras 3.2 y 3.3 se ve que $b < B$ en el primer cuadrante y $b > B$ en el segundo.

Sexta propiedad:

La hipotenusa está comprendida entre cada uno de los catetos y sus suplementarios respectivos.

Demostración

$$\text{sen}\, b = \text{sen}\, a\, \text{sen}\, B \Rightarrow \quad \text{sen}\, B = \frac{\text{sen}\, b}{\text{sen}\, a}$$

Entonces, $\text{sen}\, b < \text{sen}\, a$

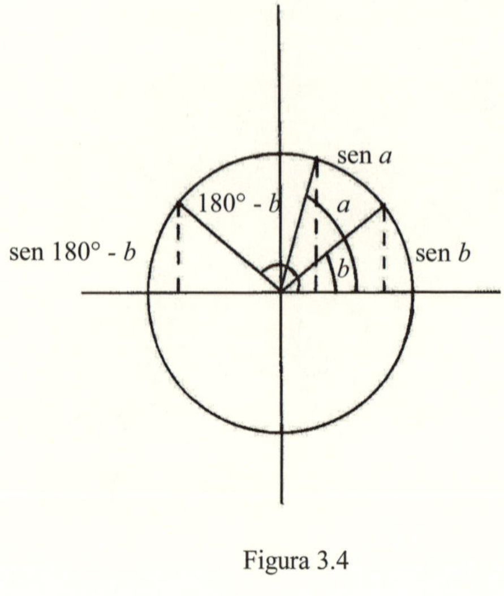

Figura 3.4

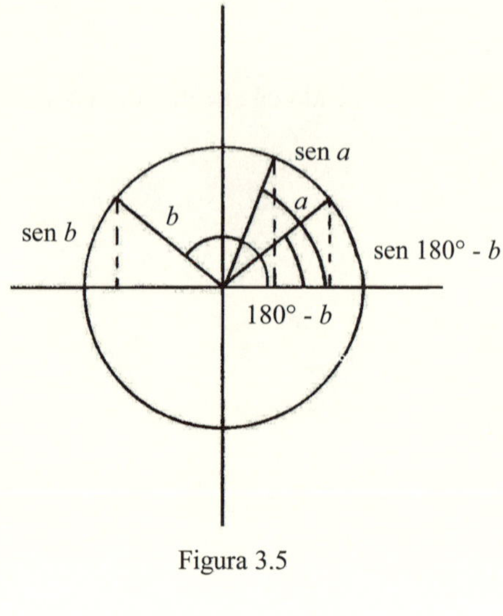

Figura 3.5

En el primer cuadrante se ve que $b < a < 180° - b$ (Fig. 3.4).

Si $b > 90°$, en la figura 3.5 se ve que se cumple la desigualdad sen $b <$ sen a, por lo tanto el valor de b será mayor que de a, y éste, a su vez, mayor que $180° - b$.

Es decir: $b > a > 180° - b$.

Séptima propiedad:

La suma de los dos ángulos oblicuos de un triángulo esférico rectángulo está comprendido entre 90° y 270°, y la diferencia es menor que 90°.

Demostración

Por las propiedades de los triángulos esféricos sabemos que:

$A + B + C > 180°$ y $180° + A > B + C$

Cómo en este caso $A = 90°$, se tiene que:

$90° + B + C > 180°$ y $180° + 90° > B + C$

es decir:

$90° < B + C < 270°$

Por otra parte, se tiene:

$180° + C > A + B$, y cómo $A = 90°$,

$90° > B - C$

3.4. **Ejercicios**

1. Deducir las propiedades de los triángulos rectiláteros, teniendo en cuenta que el polar de un triángulo rectilátero es rectángulo.

Si el triángulo esférico *ABC* es un triángulo rectilátero, su triángulo polar *A'B'C'* es un triángulo rectángulo ya que si en un triángulo *ABC* se tiene a = 90°, en su polar *A'B'C'* se verifica $A' = 180° - a = 90°$, por lo tanto, *A'B'C'* es rectángulo, por lo que cumplirá todas las propiedades de este tipo de triángulos esféricos.

Por otra parte, hay que tener en cuenta que si *ABC* y *A'B'C'* son triángulos polares, se verifica que:

$$A' = 180° - a \qquad a' = 180° - A$$

$$B' = 180° - b \qquad b' = 180° - B$$

$$C' = 180° - c \qquad c' = 180° - C$$

Primera propiedad:

Ningún ángulo puede ser cuadrantal (90°)

Demostración:

En *A'B'C'* ningún lado puede ser cuadrantal

$$a' \neq 90° \Rightarrow 180° - A \neq 90° \Rightarrow A \neq 90°$$

$$b' \neq 90° \Rightarrow 180° - B \neq 90° \Rightarrow B \neq 90°$$

$$c' \neq 90° \Rightarrow 180° - C \neq 90° \Rightarrow C \neq 90°$$

Segunda propiedad

Lado y ángulo opuesto son de la misma especie, es decir, ambos menores de 90°, o ambos mayores de 90°.

Demostración

$$\left\{\begin{matrix} B'<90^\circ \wedge b'<90^\circ \\ \vee \\ B'>90^\circ \wedge b'>90^\circ \end{matrix}\right\} \Leftrightarrow \left\{\begin{matrix} 180^\circ - b<90^\circ \wedge 180^\circ - B<90^\circ \\ \vee \\ 180^\circ - b>90^\circ \wedge 180^\circ - B>90^\circ \end{matrix}\right\} \Leftrightarrow$$

$$\Leftrightarrow \left\{\begin{matrix} -b<-90^\circ \wedge -B<-90^\circ \\ \vee \\ -b>-90^\circ \wedge -B>-90^\circ \end{matrix}\right\} \Leftrightarrow \left\{\begin{matrix} b>90^\circ \wedge B>90^\circ \\ \vee \\ b<90^\circ \wedge B<90^\circ \end{matrix}\right\}$$

Tercera propiedad

En todo triángulo esférico rectilátero, o los tres ángulos son mayores de 90°, o sólo uno de ellos es mayor de 90° y los otros dos menores

Demostración:

$$\left\{\begin{matrix} a'<90^\circ \wedge b'<90^\circ \wedge c'<90^\circ \\ \vee \\ a'<90^\circ \wedge b'>90^\circ \wedge c'>90^\circ \\ \vee \\ a'>90^\circ \wedge b'<90^\circ \wedge c'>90^\circ \\ \vee \\ a'>90^\circ \wedge b'>90^\circ \wedge c'<90^\circ \end{matrix}\right\} \Leftrightarrow \left\{\begin{matrix} 180^\circ - A<90^\circ \wedge 180^\circ - B<90^\circ \wedge 180^\circ - C<90^\circ \\ \vee \\ 180^\circ - A<90^\circ \wedge 180^\circ - B>90^\circ \wedge 180^\circ - C>90^\circ \\ \vee \\ 180^\circ - A>90^\circ \wedge 180 - B<90^\circ \wedge 180^\circ - C>90^\circ \\ \vee \\ 180^\circ - A>90^\circ \wedge 180^\circ - B>90^\circ \wedge 180^\circ - C<90^\circ \end{matrix}\right\}$$

$$\Leftrightarrow \left\{\begin{matrix} -A<-90^\circ \wedge -B<-90^\circ \wedge -C<-90^\circ \\ \vee \\ -A<-90^\circ \wedge -B>-90^\circ \wedge -C>-90^\circ \\ \vee \\ -A>-90^\circ \wedge -B<-90^\circ \wedge -C>-90^\circ \\ \vee \\ -A>-90^\circ \wedge -B>-90^\circ \wedge -C<-90^\circ \end{matrix}\right\} \Leftrightarrow \left\{\begin{matrix} A>90^\circ \wedge B>90^\circ \wedge C>90^\circ \\ \vee \\ A>90^\circ \wedge B<90^\circ \wedge C<90^\circ \\ \vee \\ A<90^\circ \wedge B>90^\circ \wedge C<90^\circ \\ \vee \\ A<90^\circ \wedge B<90^\circ \wedge C>90^\circ \end{matrix}\right\}$$

Cuarta propiedad

Si los ángulos B y C son de la misma especie, A es obtuso, y si son de distinta especie, A es agudo.

Demostración:

En la propiedad anterior se puede comprobar que:

$$A > 90° \text{ si } \begin{cases} B < 90° \wedge C < 90° \\ \vee \\ B > 90° \wedge C > 90° \end{cases} \quad \text{y} \quad A < 90° \text{ si } \begin{cases} B < 90° \wedge C > 90° \\ \vee \\ B > 90° \wedge C < 90° \end{cases}$$

Quinta propiedad

Un ángulo B es mayor que su lado opuesto b si ambos son mayores de 90° y menor en caso contrario

Demostración:

$$\left\{ \begin{matrix} b' < B' \;\; si \;\; b' < 90° \wedge B' < 90° \\ \wedge \\ b' > B' \;\; si \;\; b' > 90° \wedge B' > 90° \end{matrix} \right\} \Leftrightarrow$$

$$\Leftrightarrow \left\{ \begin{matrix} 180° - B < 180° - b \;\; si \;\; 180° - B < 90° \wedge 180° - b < 90° \\ \wedge \\ 180° - B > 180° - b \;\; si \;\; 180° - B > 90° \wedge 180° - b > 90° \end{matrix} \right\} \Leftrightarrow$$

$$\Leftrightarrow \left\{ \begin{matrix} -B < -b \;\; si \;\; -B < -90° \wedge -b < -90° \\ \wedge \\ -B > -b \;\; si \;\; -B > -90° \wedge -b > -90° \end{matrix} \right\} \Leftrightarrow \left\{ \begin{matrix} B > b \;\; si \;\; B > 90° \wedge b > 90° \\ \wedge \\ B < b \;\; si \;\; B < 90° \wedge b < 90° \end{matrix} \right\}$$

Sexta propiedad

El ángulo A está comprendido entre cada uno de los ángulos y sus suplementarios respectivos

Demostración:

a) $B < 90°$

$b' = 180° - B > 90° \Rightarrow 180° - b' < a' < b' \Rightarrow 180° - (180° - B) < 180° - A < 180° - B \Rightarrow$
$\Rightarrow B < 180° - A < 180° - B \Rightarrow B - 180° < - A < - B \Rightarrow B < A < 180° - B$

b) $B > 90°$

$b' = 180° - B < 90° \Rightarrow b' < a' < 180° - b' \Rightarrow 180° - B < 180° - A < 180° - (180° - B) \Rightarrow$
$\Rightarrow 180° - B < 180° - A < B \Rightarrow - B < - A < B - 180° \Rightarrow 180° - B < A < B$

Séptima propiedad

La suma de los dos lados b y c de un triángulo esférico rectilátero está comprendida entre 90° y 270°, y la diferencia es menor que 90°.

Demostración:

Suma

$90° < B' + C' < 270° \Rightarrow 90° < 180° - b + 180° - c < 270° \Rightarrow$
$\Rightarrow 90° < 360° - b - c < 270° \Rightarrow - 270° < - b - c < - 90° \Rightarrow 90° < b + c < 270°$

Diferencia

$90° > B' - C' \Rightarrow 90° > 180° - b - (180° - c) \Rightarrow 90° > c - b$

Tema 4

Resolución de triángulos esféricos rectángulos

4.1. $1.^{er}$ caso: Conocidos la hipotenusa *a* y un cateto *b*

Cálculo de c:

Para calcular el valor del cateto c por medio del pentágono de Neper, se usa la ecuación:

$$\cos a = \text{sen}\,(90° - b)\ \text{sen}\,(90° - c) \Rightarrow \cos a = \cos b \cos c \Rightarrow \boxed{\cos c = \frac{\cos a}{\cos b}}$$

El valor de c será mayor, o menor, de 90°, según sea el signo de la ecuación: menor, si es positivo(+) y mayor si es negativo (-).

Cálculo de B:

Para calcular B se vuelven a relacionar los datos con la incógnita:

$$\cos\,(90° - b) = \text{sen}\,a\ \text{sen}\,B \Rightarrow \text{sen}\,b = \text{sen}\,a\ \text{sen}\,B \Rightarrow \boxed{\text{sen}\,B = \frac{\text{sen}\,b}{\text{sen}\,a}}$$

B estará en el mismo cuadrante que b, ya que en todo triángulo esférico rectángulo, lado y ángulo opuesto tienen que ser de la misma especie.

Cálculo de C:

$$\cos C = \text{ctg}\,a\ \text{ctg}\,(90° - b) \Rightarrow \boxed{\cos C = \frac{\text{tg}\,b}{\text{tg}\,a}}$$

El valor de C vendrá determinado por la regla de los signos.

Ejemplo:

Resolver el triángulo esférico rectángulo:

$b = 158° \ 22' \ 04''$

$a = 122° \ 36' \ 07''$

Solución:

$$\cos C = \frac{\text{tg } b}{\text{tg } a} = \frac{-0'39657}{-1'56353} = 0'25363 \Rightarrow C = 75° \, 18' \, 25''$$

$$\text{sen } B = \frac{\text{sen } b}{\text{sen } a} = \frac{0'36864}{0'84243} = 0'43759 \Rightarrow B = 154° \, 02' \, 59''$$

$$\cos c = \frac{\cos a}{\cos b} = \frac{-0'53879}{-0'92956} = 0'57961 \Rightarrow c = 54° \, 34' \, 35''$$

4.2. **2.° caso: Conocidos los dos catetos *b* y *c***

Cálculo de a:

$$\cos a = \text{sen } (90° - b) \text{ sen } (90° - c) \Rightarrow \boxed{\cos a = \cos b \cos c}$$

La especie de a se obtiene por la regla de los signos.

Cálculo de B:

$$\cos (90° - c) = \text{ctg B ctg } (90° - b) \Rightarrow \text{sen } c = \text{ctg } B \text{ tg } b \Rightarrow \boxed{\text{tg } B = \frac{\text{tg } b}{\text{sen } c}}$$

Cálculo de C:

$$\cos (90° - b) = \text{ctg } C \text{ ctg } (90° - c) \Rightarrow \text{sen } b = \text{ctg } C \text{ tg } c \Rightarrow \boxed{\text{tg } C = \frac{\text{tg } c}{\text{sen } b}}$$

B y *C* estarán en el mismo cuadrante que sus respectivos lados opuestos.

Ejemplo:

Resolver el triángulo esférico rectángulo:

$c = 40° 44' 06''$

$b = 64°48' 03''$

Solución:

$\cos a = \cos c \cos b = 0'75773.0'42576 = 0'32261 \Rightarrow a = 71° 10' 45''$

$$\text{tg } B = \frac{\text{tg } b}{\text{sen } c} = \frac{2'12518}{0'65256} = 3'25668 \Rightarrow B = 72° 55' 49''$$

$$\text{tg } C = \frac{\text{tg } c}{\text{sen } b} = \frac{0'86119}{0'90483} = 0'95176 \Rightarrow C = 43° 35' 04''$$

4.3. **3.er caso: Conocidos la hipotenusa *a* y un ángulo *b***

Cálculo de b:

$\cos (90° - b) = \text{sen } a \text{ sen } B \Rightarrow$ $\boxed{\text{sen } b = \text{sen } a \text{ sen } B}$

b es de la misma especie que *B*.

Cálculo de c:

$\cos B = \text{ctg } a \text{ ctg } (90° - c) \Rightarrow \cos B = \text{ctg } a \text{ tg } c \Rightarrow$ $\boxed{\text{tg } c = \cos B \text{ tg } a}$

La especie de *c* la determina la regla de los signos.

Cálculo de C:

$\cos a = \text{ctg } B \text{ ctg } C \Rightarrow$ $\boxed{\text{tg } C = \frac{1}{\cos a \text{ tg } B}}$

C está en el mismo cuadrante que *c*.

Ejemplo:

Resolver el triángulo esférico rectángulo:

$a = 152° \ 24' \ 04''$

$B = 68° \ 38' \ 02''$

Solución:

$$\text{sen b} = \text{sen B sen a} = 0'93127.0'46327 = 0'43142 \Rightarrow \text{b} = 25° \ 32' \ 30''$$

$$\text{tg}\, C = \frac{1}{\cos a \ \text{tg}\, B} = \frac{1}{(-0'88621).2'55614} = -\,0'44144 \Rightarrow \text{C} = 156° \ 10' \ 52''$$

$$\text{tg}\, c = \cos B \ \text{tg}\, a = 0'36432.(-0'52276) = -0'19045 \Rightarrow \text{c} = 169° \ 13' \ 01''$$

4.4. **4.° caso: Conocidos los dos ángulos *b* y *c***

Cálculo de a:

$$\cos a = \text{ctg}\, B \ \text{ctg}\, C \Rightarrow \boxed{\cos a = \frac{1}{\text{tg}\, B \ \text{tg}\, C}}$$

La especie de *a* se obtiene por la regla de los signos.

Cálculo de b:

$$\cos B = \text{sen}\, C \ \text{sen}\,(90° - b) \Rightarrow \cos B = \text{sen}\, C \cos b \Rightarrow \boxed{\cos b = \frac{\cos B}{\text{sen}\, C}}$$

Cálculo de c:

$$\cos C = \text{sen}\, B \ \text{sen}\,(90° - c) \Rightarrow \cos C = \text{sen}\, B \cos c \Rightarrow \boxed{\cos c = \frac{\cos C}{\text{sen}\, B}}$$

b y *c* están en el mismo cuadrante que sus respectivos ángulos opuestos.

Ejemplo:

Resolver el triángulo esférico rectángulo:

$C = 67° 38' 08''$

$B = 155° 12' 06''$

Solución:

$$\cos a = \frac{1}{\text{tg } B \text{ tg } C} = \frac{1}{(-0'46202).2'43046} = -0'89053 \Rightarrow a = 152° 56' 25''$$

$$\cos c = \frac{\cos C}{\text{sen } B} = \frac{0'38049}{0'41942} = 0'90718 \Rightarrow c = 24° 52' 53''$$

$$\cos b = \frac{\cos B}{\text{sen } C} = \frac{-0'90778}{0'92478} = -0'98161 \Rightarrow b = 168° 59' 49''$$

4.5. **5.° caso: Conocidos un cateto *b* y el ángulo *c* opuesto al otro cateto**

Cálculo de a:

$$\cos C = \text{ctg } a \text{ ctg } (90° - b) \Rightarrow \cos C \text{ ctg } a \text{ tg } b \Rightarrow \boxed{\text{tg } a = \frac{\text{tg } b}{\cos C}}$$

La especie de *a* se obtiene por la regla de los signos.

Cálculo de c:

$$\cos (90° - b) = \text{ctg } C \text{ ctg } (90° - c) \Rightarrow \text{sen } b = \text{ctg } C \text{ tg } c \Rightarrow \boxed{\text{tg } c = \text{sen } b \text{ tg } C}$$

Cálculo de B:

$$\cos B = \text{sen } C \text{ sen } (90° - b) \Rightarrow \boxed{\cos B = \text{sen } C \ \cos b}$$

c se encuentra en el mismo cuadrante que *C* y *B* está en el mismo cuadrante que *b*.

Ejemplo:

Resolver el triángulo esférico rectángulo:

$b = 121° \ 42' \ 05''$

$C = 154° \ 08' \ 06''$

Solución:

$$\cos B = \text{sen}\, C \cos b = 0'43625.(-0'52549) = -0'22924 \Rightarrow \text{B} = 103° \ 15' \ 09''$$

$$\text{tg}\, a = \frac{\text{tg}\, b}{\cos C} = \frac{-1'61905}{-0'89982} = 1'79930 \Rightarrow a = 60° \ 56' \ 09''$$

$$\text{tg}\, c = \text{sen}\, b \ \text{tg}\, C = 0'85079.(-0'48481) = -0'41247 \Rightarrow \text{c} = 157° \ 35' \ 05''$$

4.6. 6° caso: Conocidos un cateto *b* y su ángulo opuesto *b*

Cálculo de a:

$$\cos (90° - b) = \text{sen}\, a \ \text{sen}\, B \Rightarrow \ \text{sen}\, b = \text{sen}\, a \ \text{sen}\, B \Rightarrow \boxed{\text{sen}\, a = \frac{\text{sen}\, b}{\text{sen}\, B}}$$

Cálculo de c:

$$\cos (90° - c) = \text{ctg}\, B \ \text{ctg}\, (90° - b) \Rightarrow \text{sen}\, c = \text{ctg}\, B \ \text{tg}\, b \Rightarrow \boxed{\text{sen}\, c = \frac{\text{tg}\, b}{\text{tg}\, B}}$$

Cálculo de C:

$$\cos B = \text{sen}\, C \ \text{sen}\, (90° - b) \Rightarrow \cos B = \text{sen}\, C \cos b \Rightarrow \boxed{\text{sen}\, C = \frac{\cos B}{\cos b}}$$

En estos casos no es posible aplicar la regla de los signos ya que los segundos términos son quebrados formados por funciones correspondientes a un lado y su ángulo opuesto, los cuales son siempre de la misma especie, por lo tanto, el cociente es positivo. Sin embargo, a un seno positivo le pueden corresponder ángulos menores o mayores de 90°. Es decir, el problema puede tener dos soluciones, una o ninguna, por lo que es necesario hacer una discusión del mismo antes de intentar resolverlo.

4.7. **Discusión del 6.° caso**

Para analizar las posibles soluciones de este caso, se parte de los datos y su relación (cateto mayor, menor o igual que el ángulo) y se aplican las fórmulas de resolución para obtener las distintas posibilidades:

$$\left.\begin{array}{l} b<90^\circ \\ B<90^\circ \end{array}\right\} \begin{cases} b>B, \operatorname{sen} a=\dfrac{\operatorname{sen} b}{\operatorname{sen} B}>1 \Rightarrow \text{No tiene solución} \\[2ex] b=B, \operatorname{sen} a=\dfrac{\operatorname{sen} b}{\operatorname{sen} B}=1 \Rightarrow \text{Una solución, } a=90^\circ \\[2ex] b<B, \operatorname{sen} a=\dfrac{\operatorname{sen} b}{\operatorname{sen} B}<1 \Rightarrow \text{dos soluciones} \begin{cases} a_1<90^\circ \\ a_2>90^\circ \end{cases} \end{cases}$$

$b=90^\circ \Rightarrow$ Triángulo birrectángulo. Se estudiará más adelante.

$$\left.\begin{array}{l} b>90^\circ \\ B>90^\circ \end{array}\right\} \begin{cases} b>B, \operatorname{sen} a=\dfrac{\operatorname{sen} b}{\operatorname{sen} B}<1 \Rightarrow \text{dos soluciones} \begin{cases} a_1<90^\circ \\ a_2>90^\circ \end{cases} \\[2ex] b=B, \operatorname{sen} a=\dfrac{\operatorname{sen} b}{\operatorname{sen} B}=1 \Rightarrow \text{Una solución, } a=90^\circ \\[2ex] b<B, \operatorname{sen} a=\dfrac{\operatorname{sen} b}{\operatorname{sen} B}>1 \Rightarrow \text{No tiene solución} \end{cases}$$

En los casos en que hay dos soluciones, para combinar los resultados hay que tener en cuenta dos propiedades:

— Lado y ángulo opuesto siempre son de la misma especie.

— La hipotenusa es aguda si los catetos son de la misma especie, y obtusa en caso contrario.

El siguiente cuadro resume las soluciones cuando hay dos triángulos:

$$b < 90° \begin{cases} a_1 < 90° \quad c_1 < 90° \quad C_1 < 90° \\ a_2 > 90° \quad c_2 > 90° \quad C_2 > 90° \end{cases}$$

$$b > 90° \begin{cases} a_1 < 90° \quad c_2 > 90° \quad C_2 > 90° \\ a_2 > 90° \quad c_1 < 90° \quad C_1 < 90° \end{cases}$$

Ejemplo:

Resolver el triángulo esférico rectángulo:

$b = 46°\ 46'\ 04''$

$B = 57°\ 28'\ 03''$

Solución:

$$b < 90°;\ b < B \Rightarrow \text{sen}\, a = \frac{\text{sen}\, b}{\text{sen}\, a} < 1 \quad \text{Dos soluciones}$$

$$\text{sen}\, a = \frac{\text{sen}\, b}{\text{sen}\, B} = \frac{0'72858}{0'84308} = 0'86418 \Rightarrow \begin{matrix} a_1 = 59°\ 47'\ 25'' \\ a_2 = 120°\ 12'\ 35'' \end{matrix}$$

$$\text{sen}\, c = \frac{\text{tg}\, b}{\text{tg}\, B} = \frac{1'06369}{1'56777} = 0'67847 \Rightarrow \begin{matrix} c_1 = 42°\ 43'\ 28'' \\ c_2 = 137°\ 16'\ 32'' \end{matrix}$$

$$\text{sen}\, C = \frac{\cos B}{\cos b} = \frac{0'53777}{0'68495} = 0'78512 \Rightarrow \begin{matrix} C_1 = 51°\ 43'\ 55'' \\ C_2 = 128°\ 16'\ 05'' \end{matrix}$$

Las dos soluciones están formadas por:

$a_1 = 59°\ 47'\ 25''$	$a_2 = 120°\ 12'\ 35''$
$c_1 = 42°\ 43'\ 28''$	$c_2 = 137°\ 16'\ 32''$
$C_1 = 51°\ 43'\ 55''$	$C_2 = 128°\ 16'\ 05''$

4.8. **Resolución de triángulos esféricos rectiláteros**

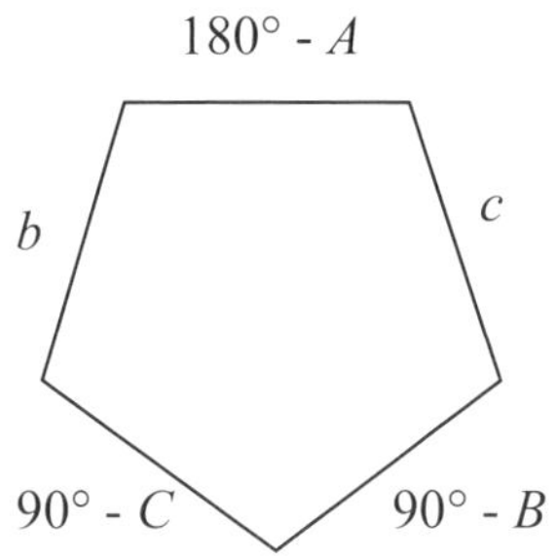

Figura 4.1

En este caso se considera $a = 90°$

Como ya se ha visto en el capítulo anterior, las propiedades de los triángulos esféricos rectiláteros se obtienen a partir de las de los rectángulos, ya que el triángulo polar de un triángulo rectilátero es rectángulo, y viceversa

Para resolverlos se pueden usar los siguientes métodos:

— Resolver el triángulo polar (rectángulo) y pasar los resultados al triángulo rectilátero.

— Por las fórmulas generales.

— Mediante el pentágono de Neper, con una nueva disposición (Fig. 4.1), pero con las mismas reglas. Esta última posibilidad es la más sencilla de aplicar.

Ejemplo:

Resolver el triángulo esférico rectilátero:

$c = 60° \, 34' \, 09''$

$B = 122° \, 18' \, 08''$

Solución:

$$\operatorname{tg} A = -\frac{\operatorname{tg} B}{\cos c} = -\frac{(-1{,}58171)}{0{,}49137} = 3{,}21896 \Rightarrow A = 72° \, 44' \, 31''$$

$$\cos b = \operatorname{sen} c \cos B = 0'87095.(-0'53438) = -0'46542 \Rightarrow b = 117° \, 44' \, 14''$$

$$\operatorname{tg} C = \operatorname{tg} c \operatorname{sen} B = 1'77248.0'84524 = 1'49817 \Rightarrow C = 56° \, 16' \, 40''$$

4.9. **Triángulos birrectángulos y trirrectángulos**

Todo triángulo birrectángulo es birrectilátero y la medida del tercer lado es igual a la de su ángulo opuesto. Todo triángulo trirrectángulo es trirrectilátero.

4.10. Ejercicios

1. **Resolver el triángulo esférico rectángulo:**

a = 59° 20' 32"

b = 15° 35' 14"

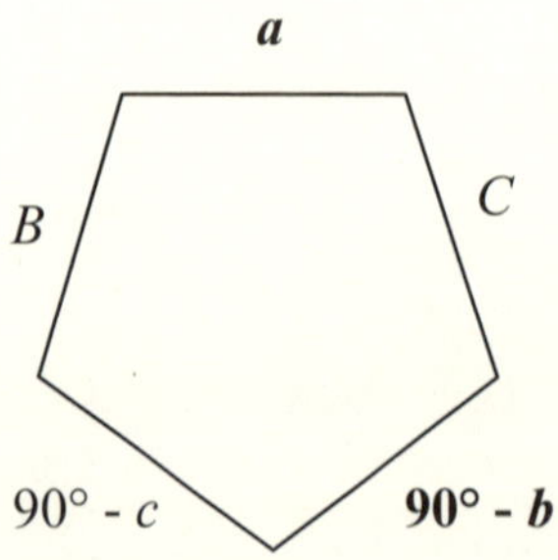

$b < 90° \Rightarrow B < 90°$;

$a < 90° \Rightarrow$ catetos de la misma especie $\Rightarrow$

$\Rightarrow c < 90° \Rightarrow C < 90°$

Cálculo del ángulo B

$\cos (90° - b) = \text{sen } B \text{ sen } a \Rightarrow \text{sen } b = \text{sen } B \text{ sen } a \Rightarrow$

$$\Rightarrow \text{sen } B = \frac{\text{sen } b}{\text{sen } a} = \frac{0{,}26870}{0{,}86022} = 0{,}31236 \Rightarrow B = 18° \ 12' \ 06"$$

Cálculo del lado c

$$\cos a = \text{sen } (90° - b) \text{ sen } (90° - c) = \cos b \cos c \Rightarrow \Rightarrow \cos c = \frac{\cos a}{\cos b} = \frac{0{,}50990}{0{,}96322} =$$

$$= 0{,}52937 \Rightarrow c = 58° \ 02' \ 14"$$

Cálculo del ángulo C

$$\cos C = \text{ctg } a \, . \, \text{ctg } (90° - b) = \frac{\text{tg } b}{\text{tg } a} = \frac{0{,}27896}{1{,}68702} = 0{,}16535 \Rightarrow C = 80° \ 28' \ 55"$$

2. **Resolver el triángulo esférico rectángulo:**

B = 62° 25' 44"

c = 144° 31' 50"

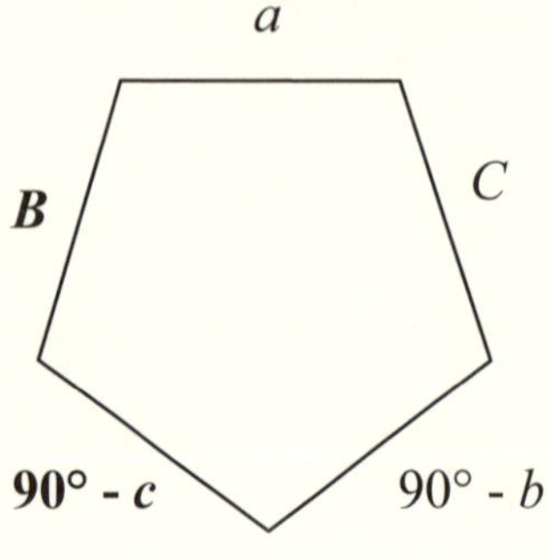

$B < 90° \Rightarrow b < 90°$; $c > 90° \Rightarrow C > 90°$;

Catetos de distinta especie $\Rightarrow a > 90°$;

Cálculo de la hipotenusa a

cos B = ctg a . ctg (90° - c) =

$$= \frac{\operatorname{tg} c}{\operatorname{tg} a} \Rightarrow \operatorname{tg} a = \frac{\operatorname{tg} c}{\cos B} = \frac{-0{,}71248}{0{,}46284} = -1{,}53938 \Rightarrow a = 123° \ 00' \ 29''$$

Cálculo del ángulo C

$\cos C = \operatorname{sen} B \operatorname{sen} (90° - c) = \operatorname{sen} B \cos c = 0{,}88643 \ . \ (-0{,}81442) = -0{,}72192 \Rightarrow$

$\Rightarrow C = 136° \ 12' \ 49''$

Cálculo del lado b

$$\cos (90° - c) = \operatorname{ctg} B \operatorname{ctg} (90° - b) \Rightarrow \operatorname{sen} c = \frac{\operatorname{tg} b}{\operatorname{tg} B} \Rightarrow \operatorname{tg} b = \operatorname{sen} c \operatorname{tg} B =$$

$= 0{,}58026 \ . \ 1{,}91517 = 1{,}11129 \Rightarrow b = 48° \ 01' \ 03''$

3. **Discutir y resolver el triángulo esférico rectángulo:**

   $B = 99° \ 03' \ 52''$

   $b = 125° \ 14' \ 13''$

$$B, b > 90° \Rightarrow b > B \Rightarrow \operatorname{sen} b < \operatorname{sen} B \Rightarrow \operatorname{sen} a = \frac{\operatorname{sen} b}{\operatorname{sen} B} < 1 \Rightarrow \begin{matrix} a_1 < 90° \\ a_2 > 90° \end{matrix}$$

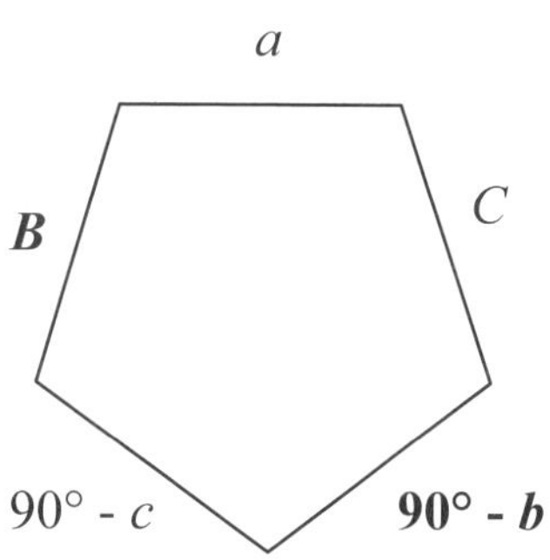

Cálculo de la hipotenusa a

$\cos (90° - b) = \operatorname{sen} B \operatorname{sen} a \Rightarrow \operatorname{sen} b = \operatorname{sen} B \operatorname{sen} a \Rightarrow$

$$\Rightarrow \operatorname{sen} a = \frac{\operatorname{sen} b}{\operatorname{sen} B} = \frac{0{,}81677}{0{,}98751} = 0{,}82710 \Rightarrow$$

$$\Rightarrow \begin{matrix} a_1 = 55° \ 48' \ 07'' \\ a_2 = 124° 11' \ 53'' \end{matrix}$$

Cálculo del ángulo C

$$\cos B = \operatorname{sen} C \operatorname{sen} (90° - b) = \operatorname{sen} C \cos b \Rightarrow \operatorname{sen} C = \frac{\cos B}{\cos b} = \frac{-0{,}15754}{-0{,}57695} =$$

$$= 0{,}27305 \Rightarrow \begin{matrix} C_1 = 15° \ 50' \ 46'' \\ C_2 = 164° 09' 14'' \end{matrix}$$

Cálculo del lado c

$\cos(90° - c) = \text{ctg } B \text{ ctg } (90° - b) \Rightarrow \text{sen } c = \dfrac{\text{tg } b}{\text{tg } B} = \dfrac{-1{,}41565}{-6{,}26811} = 0{,}22584 \Rightarrow$

$$\Rightarrow \begin{matrix} c_1 = 13°\ 03'\ 10'' \\ c_2 = 166°\ 56'\ 50'' \end{matrix}$$

Combinación de las soluciones

Solución I	Solución II
$a_1 = 55°\ 48'\ 07''$	$a_2 = 124°\ 11'\ 53''$
$C_2 = 164°\ 09'\ 14''$	$C_1 = 15°\ 50'\ 46''$
$c_2 = 166°\ 56'\ 50''$	$c_1 = 13°\ 03'\ 10''$

4. **Resolver el triángulo esférico rectángulo:**

   ***a* = 89° 16' 09"**

   ***C* = 160° 00' 00"**

$C > 90° \Rightarrow c > 90°$; $a < 90° \Rightarrow$ catetos de la misma especie $\Rightarrow b > 90° \Rightarrow B > 90°$

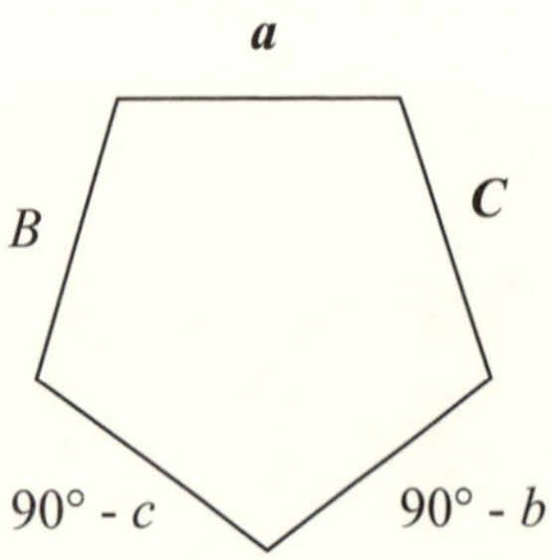

Cálculo del ángulo B

$\cos a = \text{ctg } B \,.\, \text{ctg } C =$

$= \dfrac{1}{\text{tg } B \,.\, \text{tg } C} \Rightarrow \text{tg } B = \dfrac{1}{\cos a \,.\, \text{tg } C} = \dfrac{1}{0{,}01275 \,.\, (-0{,}36397)} =$

$= -215{,}48856 \Rightarrow B = 90°\ 15'\ 57''$

Cálculo del lado c

$\cos(90° - c) = \text{sen } a \text{ sen } C \Rightarrow \text{sen } c = \text{sen } a \text{ sen } C = 0{,}99991 \,.\, 0{,}34202 =$

$= 0{,}34198 \Rightarrow c = 160°\ 00'\ 07''$

Cálculo del lado b

$\cos C = \operatorname{ctg} a \operatorname{ctg} (90° - b) = \dfrac{\operatorname{tg} b}{\operatorname{tg} a} \Rightarrow \operatorname{tg} b = \cos C \operatorname{tg} a =$

$= (-0{,}93969) \,.\, 78{,}39362 = -73{,}66570 \Rightarrow b = 90°\ 46'\ 40''$

5. **Discutir y resolver el triángulo esférico rectángulo:**

$c = 46°\ 46'\ 46''$

$C = 57°\ 28'\ 32''$

$C, c < 90° \Rightarrow c < C \Rightarrow \operatorname{sen} c < \operatorname{sen} C \Rightarrow \operatorname{sen} a = \dfrac{\operatorname{sen} c}{\operatorname{sen} C} < 1 \Rightarrow \begin{matrix} a_1 < 90° \\ a_2 > 90° \end{matrix}$

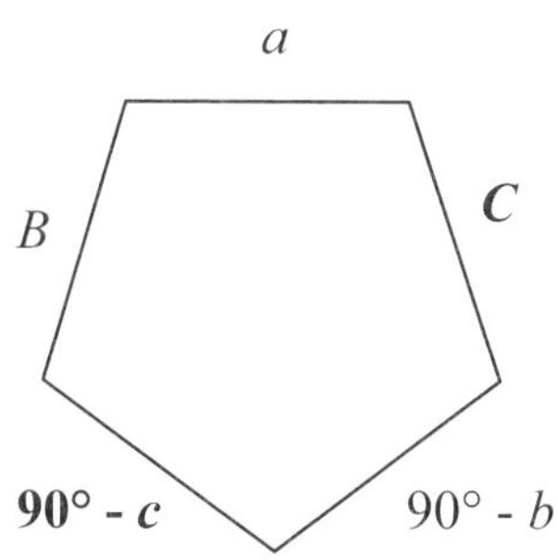

Cálculo de la hipotenusa a

$\cos (90° - c) = \operatorname{sen} C \operatorname{sen} a \Rightarrow \operatorname{sen} c = \operatorname{sen} C \operatorname{sen} a \Rightarrow$

$\Rightarrow \operatorname{sen} a = \dfrac{\operatorname{sen} c}{\operatorname{sen} C} = \dfrac{0{,}72872}{0{,}84316} = 0{,}86427 \Rightarrow$

$\Rightarrow \begin{matrix} a_1 = 59°\ 47'\ 59'' \\ a_2 = 120° 12'\ 01'' \end{matrix}$

Cálculo del ángulo B

$\cos C = \operatorname{sen} B \operatorname{sen} (90° - c) = \operatorname{sen} B \cos c \Rightarrow$

$\Rightarrow \operatorname{sen} B = \dfrac{\cos C}{\cos c} = \dfrac{0{,}53765}{0{,}68480} = 0{,}78511 \Rightarrow \begin{matrix} B_1 = 51°\ 43'\ 54'' \\ B_2 = 128° 16'\ 06'' \end{matrix}$

Cálculo del lado b

$\cos (90° - b) = \operatorname{ctg} C \operatorname{ctg} (90° - c) \Rightarrow \operatorname{sen} b = \dfrac{\operatorname{tg} c}{\operatorname{tg} C} = \dfrac{1{,}06412}{1{,}56820} = 0{,}67856 \Rightarrow$

$\Rightarrow \begin{matrix} b_1 = 42°\ 43'\ 53'' \\ b_2 = 137° 16'\ 07'' \end{matrix}$

Combinación de las soluciones

Solución I	Solución II
$a_1 = 59°\ 47'\ 59''$	$a_2 = 120°\ 12'\ 01''$
$B_1 = 51°\ 43'\ 54''$	$B_2 = 128°\ 16'\ 06''$
$b_1 = 42°\ 43'\ 53''$	$b_2 = 137°\ 16'\ 07''$

6. **Discutir y resolver el triángulo esférico rectángulo:**

   $\boldsymbol{b = 120°\ 15'\ 32''}$

   $\boldsymbol{B = 110°\ 11'\ 41''}$

$$B,\ b > 90° \Rightarrow b > B \Rightarrow \operatorname{sen} b < \operatorname{sen} B \Rightarrow \operatorname{sen} a = \frac{\operatorname{sen} b}{\operatorname{sen} B} < 1 \Rightarrow \begin{matrix} a_1 < 90° \\ a_2 > 90° \end{matrix}$$

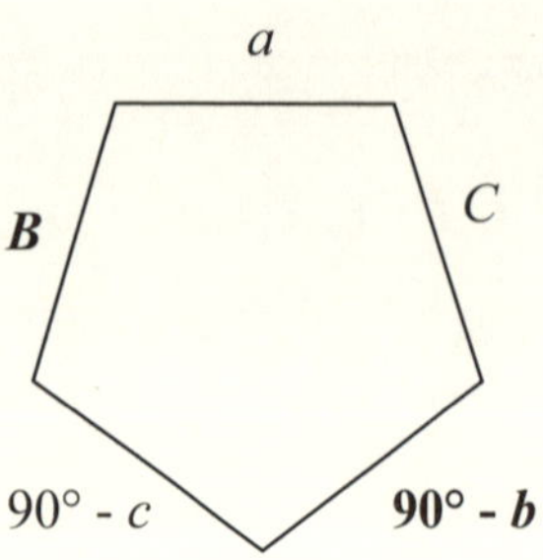

Cálculo de la hipotenusa a

$$\cos(90° - b) = \operatorname{sen} B \operatorname{sen} a \Rightarrow \operatorname{sen} b = \operatorname{sen} B \operatorname{sen} a \Rightarrow$$

$$\Rightarrow \operatorname{sen} a = \frac{\operatorname{sen} b}{\operatorname{sen} B} = \frac{0{,}86375}{0{,}93852} = 0{,}92033 \Rightarrow \begin{matrix} a_1 = 66°\ 58'\ 29'' \\ a_2 = 113°\ 01'\ 31'' \end{matrix}$$

Cálculo del ángulo C

$$\cos B = \operatorname{sen} C \operatorname{sen}(90° - b) = \operatorname{sen} C \cos b \Rightarrow \operatorname{sen} C = \frac{\cos B}{\cos b} = \frac{-0{,}34521}{-0{,}50390} =$$

$$= 0{,}68507 \Rightarrow \begin{matrix} C_1 = 43°\ 14'\ 30'' \\ C_2 = 136°\ 45'\ 30'' \end{matrix}$$

Cálculo del lado c

$$\cos(90° - c) = \operatorname{ctg} B \operatorname{ctg}(90° - b) \Rightarrow \operatorname{sen} c = \frac{\operatorname{tg} b}{\operatorname{tg} B} = \frac{-1{,}71411}{-2{,}71869} = 0{,}63049 \Rightarrow$$

$$\Rightarrow \begin{matrix} c_1 = 39°\ 05'\ 11'' \\ c_2 = 140°\ 54'\ 49'' \end{matrix}$$

Combinación de las soluciones

Solución I	Solución II
$a_1 = 66° 58' 29''$	$a_2 = 113° 01' 31''$
$C_2 = 136° 45' 30''$	$C_1 = 43° 14' 30''$
$c_2 = 140° 54' 49''$	$c_1 = 39° 05' 11''$

7. **Resolver el triángulo esférico rectángulo:**

   $\boldsymbol{b = 48° 15' 12''}$

   $\boldsymbol{C = 121° 06' 15''}$

$b < 90° \Rightarrow B < 90°$; $C > 90° \Rightarrow c > 90°$; Catetos de distinta especie $\Rightarrow a > 90°$;

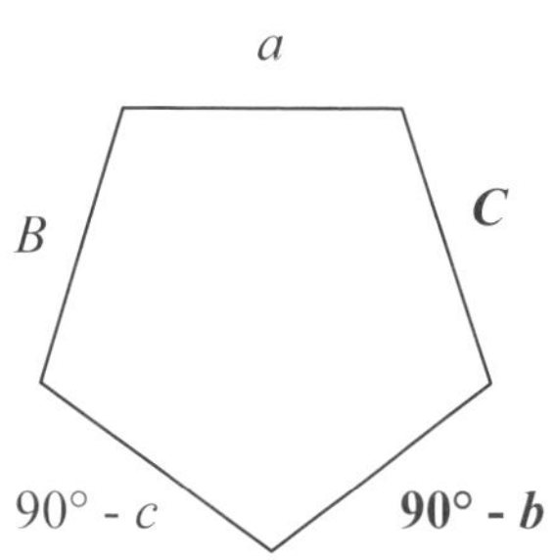

Cálculo de la hipotenusa a

$\cos C = \text{ctg}\, a \; \text{ctg}\, (90° - b) =$

$= \dfrac{\text{tg}\, b}{\text{tg}\, a} \Rightarrow \text{tg}\, a = \dfrac{\text{tg}\, b}{\cos C} = \dfrac{1{,}12053}{-0{,}51659} = -2{,}16908 \Rightarrow$

$\Rightarrow a = 114° 45' 03''$

Cálculo del ángulo B

$\cos B = \text{sen}\, C \; \text{sen}\, (90° - b) = \text{sen}\, C \cos b = 0{,}85622 \, . \, 0{,}66583 = 0{,}57009 \Rightarrow$

$\Rightarrow B = 55° 14' 35''$

Cálculo del lado c

$\cos (90° - b) = \text{ctg}\, C \; \text{ctg}\, (90° - c) \Rightarrow \text{sen}\, b = \dfrac{\text{tg}\, c}{\text{tg}\, C} \Rightarrow \text{tg}\, c = \text{sen}\, b \; \text{tg}\, C =$

$= 0{,}74609 \, . \, (-1{,}65744) = -1{,}23659 \Rightarrow c = 128° 57' 41''$

8. **Resolver el triángulo esférico rectángulo:**

b = 134° 15' 17"

a = 101° 06' 41"

$b > 90° \Rightarrow B > 90°$; $a > 90° \Rightarrow$ catetos de distinta especie $\Rightarrow c < 90° \Rightarrow C < 90°$

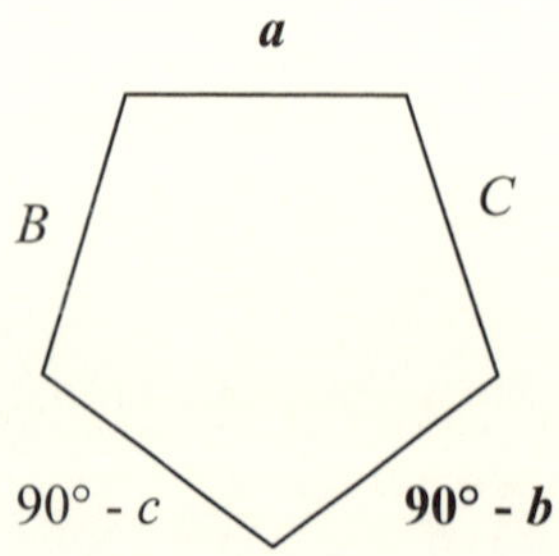

Cálculo del ángulo B

$\cos(90° - b) = \operatorname{sen} B \operatorname{sen} a \Rightarrow \operatorname{sen} b = \operatorname{sen} B \operatorname{sen} a \Rightarrow$

$$\Rightarrow \operatorname{sen} B = \frac{\operatorname{sen} b}{\operatorname{sen} a} = \frac{0{,}71624}{0{,}98125} = 0{,}72992 \Rightarrow$$

$\Rightarrow B = 133° \; 07' \; 11"$

Cálculo del lado c

$$\cos a = \operatorname{sen}(90° - b) \operatorname{sen}(90° - c) = \cos b \cos c \Rightarrow \cos c = \frac{\cos a}{\cos b} = \frac{-0{,}19275}{-0{,}69784} =$$

$= 0{,}27620 \Rightarrow c = 73° \; 57' \; 57"$

Cálculo del ángulo C

$$\cos C = \operatorname{ctg} a \operatorname{ctg}(90° - b) = \frac{\operatorname{tg} b}{\operatorname{tg} a} = \frac{-1{,}02635}{-5{,}09168} = 0{,}20157 \Rightarrow C = 78° \; 22' \; 16"$$

9. **Discutir y resolver el triángulo esférico rectángulo:**

b = 68° 15' 44"

B = 35° 27' 08"

$B, b < 90° \Rightarrow b > B \Rightarrow \operatorname{sen} b > \operatorname{sen} B \Rightarrow \operatorname{sen} a = \dfrac{\operatorname{sen} b}{\operatorname{sen} B} > 1 \Rightarrow$ No tiene solución.

10. **Resolver el triángulo esférico rectángulo:**

C = 75° 14' 23"

B = 102° 20' 10"

$C < 90° \Rightarrow c < 90°$; $B > 90° \Rightarrow b > 90°$; Catetos de distinta especie $\Rightarrow a > 90°$;

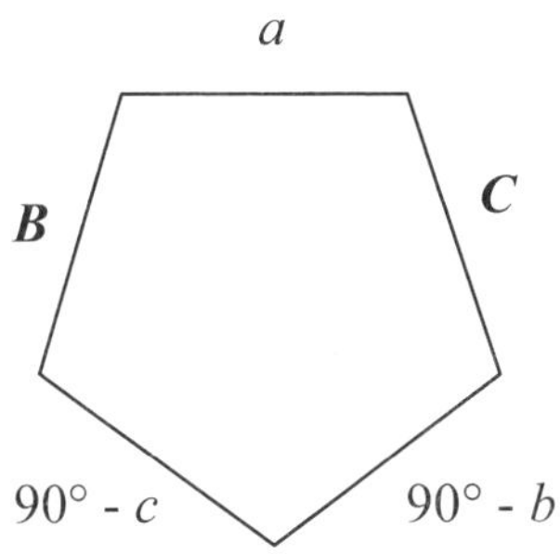

Cálculo de la hipotenusa a

$\cos a = \operatorname{ctg} B \operatorname{ctg} C =$

$= \dfrac{1}{\operatorname{tg} B . \operatorname{tg} C} = \dfrac{1}{(-4{,}57256).3{,}79550} =$

$= -0{,}05761 \Rightarrow a = 93° \ 18' \ 12''$

Cálculo del lado c

$\cos C = \operatorname{sen} B \operatorname{sen} (90° - c) = \operatorname{sen} B \cos c \Rightarrow \cos c = \dfrac{\cos C}{\operatorname{sen} B} = \dfrac{0{,}25477}{0{,}97691} = 0{,}26079 \Rightarrow$

$\Rightarrow c = 74° \ 52' \ 59''$

Cálculo del lado b

$\cos B = \operatorname{sen} C \operatorname{sen} (90° - b) = \operatorname{sen} C \cos b \Rightarrow \cos b = \dfrac{\cos B}{\operatorname{sen} C} = \dfrac{-0{,}21364}{0{,}96700} =$

$= -0{,}22093 \Rightarrow b = 102° \ 45' \ 49''$

11. **Discutir y resolver el triángulo esférico rectángulo:**

$b = 145° \ 23' \ 18''$

$B = 103° \ 45' \ 49''$

$B, b > 90° \Rightarrow b > B \Rightarrow \operatorname{sen} b < \operatorname{sen} B \Rightarrow \operatorname{sen} a = \dfrac{\operatorname{sen} b}{\operatorname{sen} B} < 1 \Rightarrow \begin{array}{l} a_1 < 90° \\ a_2 > 90° \end{array}$

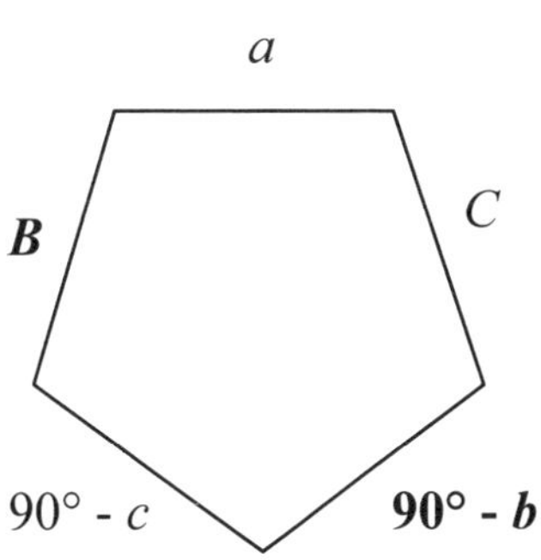

Cálculo de la hipotenusa a

$\cos (90° - b) = \operatorname{sen} B \operatorname{sen} a \Rightarrow \operatorname{sen} b = \operatorname{sen} B \operatorname{sen} a \Rightarrow$

$\Rightarrow \operatorname{sen} a = \dfrac{\operatorname{sen} b}{\operatorname{sen} B} = \dfrac{0{,}56801}{0{,}97132} = 0{,}58478 \Rightarrow$

$\Rightarrow \begin{array}{l} a_1 = 35° \ 47' 15'' \\ a_2 = 144° 12' \ 45'' \end{array}$

Cálculo del ángulo C

$\cos B = \operatorname{sen} C \operatorname{sen} (90° - b) = \operatorname{sen} C \cos b \Rightarrow \operatorname{sen} C = \dfrac{\cos B}{\cos b} = \dfrac{-0{,}23775}{-0{,}82302} =$

$$= 0{,}28887 \Rightarrow \begin{matrix} C_1 = 16° \ 47' \ 26'' \\ C_2 = 163° 12' \ 34'' \end{matrix}$$

Cálculo del lado c

$$\cos (90° - c) = \operatorname{ctg} B \operatorname{ctg} (90° - b) \Rightarrow \operatorname{sen} c = \frac{\operatorname{tg} b}{\operatorname{tg} B} = \frac{-0{,}69015}{-4{,}08546} = 0{,}16892 \Rightarrow$$

$$\Rightarrow \begin{matrix} c_1 = 9° \ 43' \ 45'' \\ c_2 = 170° 16' \ 28'' \end{matrix}$$

Combinación de las soluciones

Solución I	Solución II
a_1 = 35° 47’ 15”	a_2 = 144° 12’ 45”
C_2 = 163° 12’ 34”	C_1 = 16° 47’ 26”
c_2 = 170° 16’ 28”	c_1 = 9° 43’ 32”

12. **Discutir y resolver el triángulo esférico rectángulo:**

b = 78° 12’ 54”

B = 45° 40’ 12”

$$B, b < 90° \Rightarrow b > B \Rightarrow \operatorname{sen} b > \operatorname{sen} B \Rightarrow \operatorname{sen} a = \frac{\operatorname{sen} b}{\operatorname{sen} B} > 1 \Rightarrow \text{No tiene solución.}$$

13. **Discutir y resolver el triángulo esférico rectángulo:**

c = 112° 33’ 50”

C = 99° 42’ 07”

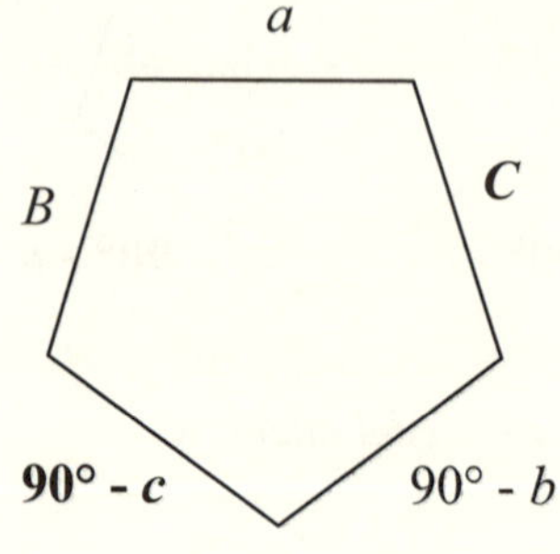

$$c, C > 90° \Rightarrow c > C \Rightarrow \operatorname{sen} c < \operatorname{sen} C \Rightarrow$$

$$\Rightarrow \operatorname{sen} a = \frac{\operatorname{sen} c}{\operatorname{sen} C} < 1 \Rightarrow \begin{matrix} a_1 < 90° \\ a_2 > 90° \end{matrix}$$

Cálculo de la hipotenusa a

cos (90° - c) = sen C sen $a \Rightarrow$ sen c = sen C sen $a \Rightarrow$

$$\Rightarrow \text{sen}\, a = \frac{\text{sen}\, c}{\text{sen}\, C} = \frac{0{,}92345}{0{,}98569} = 0{,}93685 \Rightarrow \begin{matrix} a_1 = 69°\ 31'\ 49'' \\ a_2 = 110°\ 28'\ 11^{o}{}'' \end{matrix}$$

Cálculo del ángulo B

$$\cos C = \text{sen}\, B\ \text{sen}\,(90° - c) = \text{sen}\, B \cos c \Rightarrow \text{sen}\, B = \frac{\cos C}{\cos c} = \frac{-0{,}16852}{-0{,}38371} =$$

$$= 0{,}43918 \Rightarrow \begin{matrix} B_1 = 26°\ 03'\ 07'' \\ B_2 = 153°\ 56'\ 53'' \end{matrix}$$

Cálculo del lado b

$$\cos(90° - b) = \text{ctg}\, C\ \text{ctg}\,(90° - c) \Rightarrow \text{sen b} = \frac{tg\, c}{tg\, C} = \frac{-2{,}40661}{-5{,}84904} = 0{,}41145 \Rightarrow$$

$$\Rightarrow \begin{matrix} b_1 = 24°\ 17'\ 46'' \\ b_2 = 155°\ 42'\ 14'' \end{matrix}$$

Combinación de las soluciones

Solución I	Solución II
a_1 = 69° 31’ 49”	a_2 = 110° 28’ 11”
B_2 = 153° 56’ 53”	B_1 = 26° 03’ 07”
b_2 = 155° 42’ 14”	b_1 = 24° 17’ 46

14. **Resolver el triángulo esférico rectángulo**

a = 152° 24’ 04”

B = 68° 38’ 02”

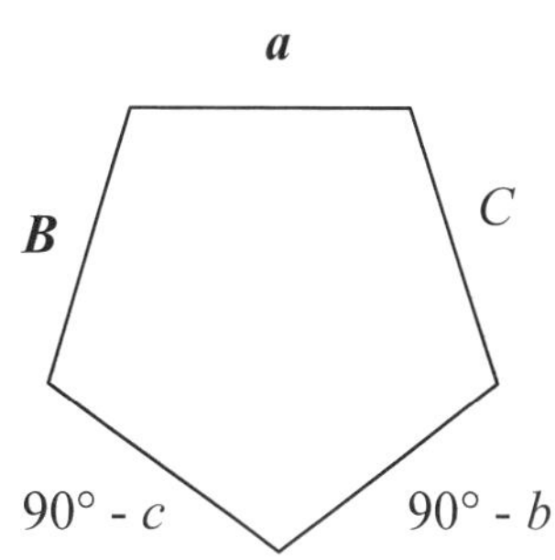

$B < 90° \Rightarrow b < 90°$; $a > 90° \Rightarrow$ catetos de distinta especie $\Rightarrow c > 90° \Rightarrow C > 90°$

Cálculo del ángulo C

$$\cos a = \text{ctg}\, B\ \text{ctg}\, C = \frac{1}{\text{tg}\, B\,.\,\text{tg}\, C} \Rightarrow \text{tg}\, C = \frac{1}{\cos a\,.\,\text{tg}\, B} =$$

$$= \frac{1}{(-0{,}88621)\,.\,2{,}55614} = -0{,}44144 \Rightarrow C = 156°\ 10'\ 52''$$

Cálculo del lado b

$\cos(90° - b) = \text{sen}\, a\ \text{sen}\, B \Rightarrow \text{sen}\, b = \text{sen}\, a\ \text{sen}\, B = 0{,}46327.\ 0{,}93127 =$

$= 0{,}43142 \Rightarrow b = 25°\ 32'\ 30''$

Cálculo del lado c

$$\cos B = \text{ctg}\, a\ .\ \text{ctg}\,(90° - c) = \frac{\text{tg}\, c}{\text{tg}\, a} \Rightarrow \text{tg}\, c = \cos B\ .\ \text{tg}\, a =$$

$= 0{,}19045\ .\ (-0{,}52276) = -0{,}19045 \Rightarrow c = 169°\ 13'\ 01''$

15. Resolver el triángulo esférico rectángulo:

$a = 15°\ 21'\ 12''$

$B = 32°\ 20'\ 52''$

$B < 90° \Rightarrow b < 90°$; $a < 90° \Rightarrow$ catetos de la misma especie $\Rightarrow c < 90° \Rightarrow C < 90°$

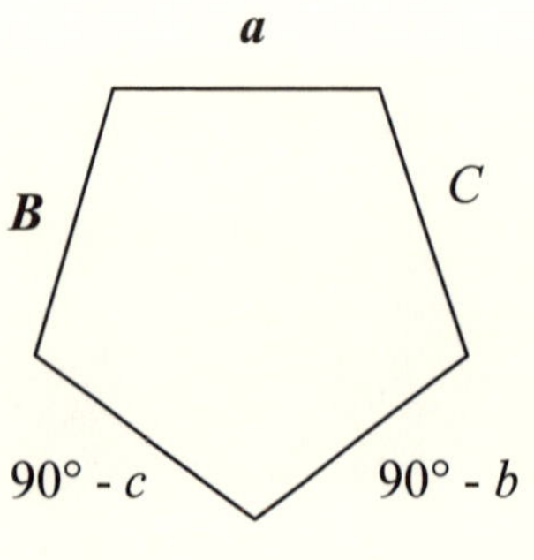

Cálculo del ángulo C

$$\cos a = \text{ctg}\, B\ \text{ctg}\, C = \frac{1}{tg\, B\,.tg\, C} \Rightarrow tg\, C = \frac{1}{\cos a\,.tg\, B} =$$

$$= \frac{1}{0{,}96429.0{,}63334} = 1{,}63739 \Rightarrow C = 58°\ 35'\ 11''$$

Cálculo del lado b

$\cos(90° - b) = \text{sen}\, a\ \text{sen}\, B \Rightarrow \text{sen}\, b = \text{sen}\, a\ \text{sen}\, B = 0{,}26481\ .\ 0{,}53025 =$

$= 0{,}14168 \Rightarrow b = 8°\ 08'\ 43''$

Cálculo del lado c

$$\cos B = \text{ctg } a \text{ ctg } (90° - c) = \frac{\text{tg } c}{\text{tg } a} \Rightarrow \text{tg c} = \cos B \text{ tg } a = 0{,}84481 \,.\, 0{,}27461 =$$

$$= 0{,}23199 \Rightarrow c = 13°\ 03'\ 40''$$

16. **Deducir, sin resolver, en los casos que sea posible, la especie de los datos que faltan en los siguientes triángulos esférico rectángulo:**

a) $\boldsymbol{b = 27°\ 43'\ 15''}$

$\boldsymbol{C = 100°\ 15'\ 40''}$

$b < 90° \Rightarrow B < 90°$; $C < 90° \Rightarrow c < 90°$; catetos de distinta especie $\Rightarrow a > 90°$

b) $\boldsymbol{a = 121°\ 50'\ 03''}$

$\boldsymbol{b = 48°\ 32'\ 21''}$

$b < 90° \Rightarrow \text{B} < 90°$; $a > 90° \Rightarrow$ catetos de distinta especie $\Rightarrow c > 90° \Rightarrow C > 90°$

c) $\boldsymbol{b = 53°\ 14'\ 20''}$

$\boldsymbol{B = 60°\ 13'\ 35''}$

$B,\ b < 90°$; $b < B \Rightarrow \text{sen } b < \text{sen } B \Rightarrow \text{sen } a = \dfrac{\text{sen } b}{\text{sen } B} < 1 \Rightarrow \begin{matrix} a_1 < 90° \\ a_2 > 90° \end{matrix}$

Solución I	Solución II
$a_1 < 90° \Rightarrow$ catetos de la misma especie	$a_2 > 90° \Rightarrow$ catetos de distinta especie
$C_1 < 90° \Rightarrow c_1 < 90°$	$C_2 > 90° \Rightarrow c_2 > 90°$

d) $\boldsymbol{a = 85°\ 20'\ 30''}$

$\boldsymbol{b = 23°\ 14'\ 40''}$

$b < 90° \Rightarrow B < 90°$; $a < 90° \Rightarrow$ catetos de la misma especie $\Rightarrow C < 90° \Rightarrow c < 90°$

e) $\boldsymbol{B = 49° 14' 51''}$

$\boldsymbol{c = 39° 11' 02''}$

$B < 90° \Rightarrow b < 90°$; $c < 90° \Rightarrow C < 90°$; catetos de la misma especie $\Rightarrow a < 90°$

f) $\boldsymbol{a = 117° 14' 41''}$

$\boldsymbol{B = 23° 11' 13''}$

$B < 90° \Rightarrow b < 90°$; $a > 90° \Rightarrow$ catetos de distinta especie $\Rightarrow c > 90° \Rightarrow C > 90°$

g) $\boldsymbol{B = 13° 15' 32''}$

$\boldsymbol{C = 120° 03' 23''}$

$B < 90° \Rightarrow b < 90°$; $C > 90° \Rightarrow c > 90°$; catetos de distinta especie $\Rightarrow a > 90°$

18. **Decir si se puede dar los siguientes casos de triángulos esféricos rectángulos y por qué.**

a) $\boldsymbol{a = 90°}$

$\boldsymbol{b = 57° 15' 12''}$

$\boldsymbol{c = 23° 14' 03''}$

No, porque en un triángulo esférico rectángulo ningún lado puede medir 90°.

b) $\boldsymbol{a = 161° 14' 12''}$

$\boldsymbol{b = 35° 07' 42''}$

$\boldsymbol{B = 102° 01' 32''}$

No, porque en un triángulo esférico rectángulo lado y ángulo opuesto siempre deben estar en el mismo cuadrante.

c) $\boldsymbol{a = 58° 22' 12''}$

$\boldsymbol{b = 48° 13' 50''}$

$\boldsymbol{C = 148° 14' 33''}$

No, porque en un triángulo esférico rectángulo, si la hipotenusa es aguda, los catetos deben ser de la misma especie.

19. **Resolver el triángulo esférico rectilátero:**

$\boldsymbol{c = 60° 34' 09''}$

$\boldsymbol{B = 115° 24' 09''}$

$c < 90° \Rightarrow C < 90°$; $B > 90° \Rightarrow b > 90°$; Ángulos de distinta especie $\Rightarrow A < 90°$;

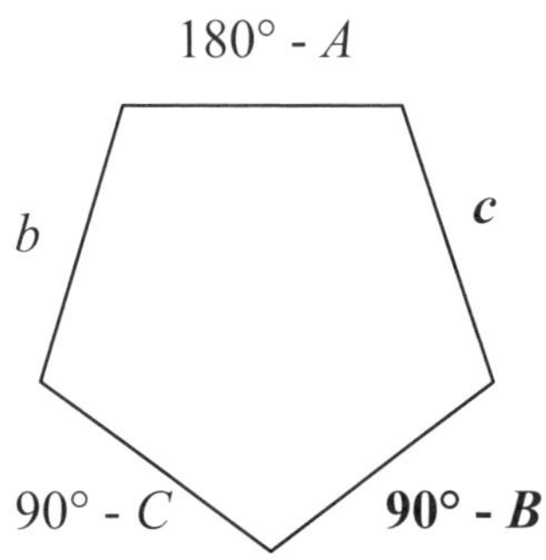

Cálculo del ángulo A

$$\cos c = \text{ctg}\,(180° - A)\ .\ \text{ctg}\,(90° - B) = \frac{\text{tg}\,B}{-\,\text{tg}\,A} \Rightarrow$$

$$\Rightarrow \text{tg}\,A = -\frac{\text{tg}\,B}{\cos c} = -\frac{(-2{,}10575)}{0{,}49137} = 4{,}28548 \Rightarrow$$

$$\Rightarrow A = 76° 51' 55''$$

Cálculo del lado b

$$\cos b = \text{sen}\,c\ \text{sen}\,(90° - B) = \text{sen}\,c \cos B = 0{,}87094\ .\ (-0{,}42897) = -0{,}37360 \Rightarrow$$

$$\Rightarrow b = 111° 56' 17''$$

Cálculo del ángulo C

$$\cos\,(90° - B) = \text{ctg}\,c\ \text{ctg}\,(90° - C) \Rightarrow \text{sen}\,B = \frac{\text{tg}\,C}{\text{tg}\,c} \Rightarrow \text{tg}\,C = \text{sen}\,B\ \text{tg}\,c =$$

$$= 0{,}90331\ .\ 1{,}77248 = 1{,}60109 \Rightarrow C = 58° 00' 44''$$

20. **Resolver el triángulo esférico rectilátero:**

$c = 32° \; 53' \; 06''$

$B = 115° \; 24' \; 09''$

$c < 90° \Rightarrow C < 90°$; $B > 90° \Rightarrow b > 90°$; Ángulos de distinta especie $\Rightarrow A < 90°$;

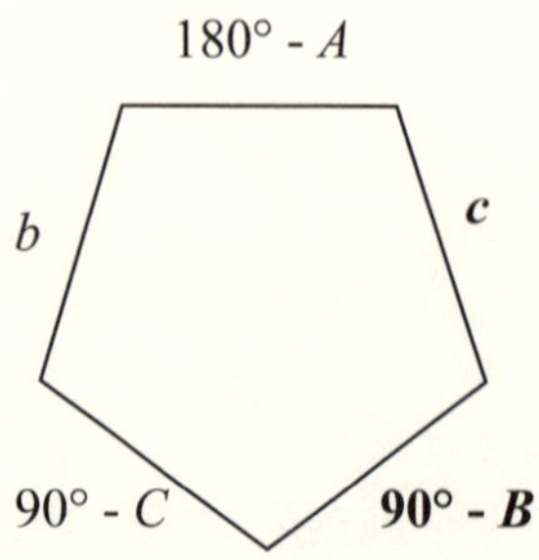

Cálculo del ángulo A

$$\cos c = \text{ctg}\,(180° - A)\ \text{ctg}\,(90° - B) = \frac{\text{tg}\,B}{-\text{tg}\,A} \Rightarrow$$

$$\Rightarrow \text{tg}\,A = -\frac{\text{tg}\,B}{\cos c} = -\frac{(-2{,}10575)}{0{,}83976} = 2{,}50757 \Rightarrow$$

$$\Rightarrow A = 68° \; 15' \; 29''$$

Cálculo del lado b

$$\cos b = \text{sen}\,c\ \text{sen}\,(90° - B) = \text{sen}\,c \cos B = 0{,}54295 \,.\, (-0{,}42897) = -0{,}23290 \Rightarrow$$

$$\Rightarrow b = 103° \; 28' \; 06''$$

Cálculo del ángulo C

$$\cos\,(90° - B) = \text{ctg}\,c\ \text{ctg}\,(90° - C) \Rightarrow \text{sen}\,B = \frac{\text{tg}\,C}{\text{tg}\,c} \Rightarrow \text{tg}\,C = \text{sen}\,B\ \text{tg}\,c =$$

$$= 0{,}90331 \,.\, 0{,}64655 = 0{,}58403 \Rightarrow C = 30° \; 17' \; 11''$$

21. **Discutir y resolver el triángulo esférico rectilátero:**

$c = 69° \; 15' \; 02''$

$C = 56° \; 45' \; 04''$

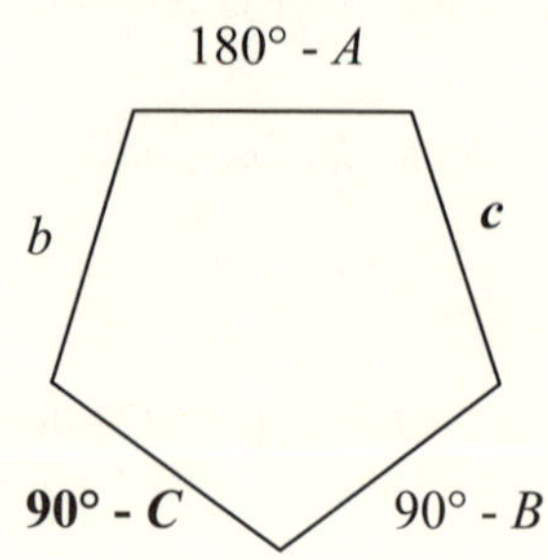

$c,\ C < 90° \Rightarrow c > C \Rightarrow \text{sen}\,c > \text{sen}\,C \Rightarrow$

$$\Rightarrow \text{sen}\,A = \frac{\text{sen}\,C}{\text{sen}\,c} < 1 \Rightarrow \begin{matrix} A_1 < 90° \\ A_2 > 90° \end{matrix}$$

Cálculo del ángulo A

cos (90°- *C*) = sen *c* sen (180°-*A*) $\Rightarrow$ sen *C* = sen *c* sen *A* $\Rightarrow$

$$\Rightarrow \text{sen}\, A = \frac{\text{sen}\, C}{\text{sen}\, c} = \frac{0{,}83629}{0{,}93513} = 0{,}89430 \Rightarrow \begin{array}{l} A_1 = 63°\ 25'\ 08'' \\ A_2 = 116°\ 34'\ 51'' \end{array}$$

Cálculo del lado b

$$\cos c = \text{sen}\, b\ \text{sen}\,(90° - C) = \text{sen}\, b \cos C \Rightarrow \text{sen}\, b = \frac{\cos c}{\cos C} = \frac{0{,}35428}{0{,}52827} =$$

$$= 0{,}64617 \Rightarrow \begin{array}{l} b_1 = 40°\ 15'\ 14'' \\ b_2 = 139°\ 44'\ 45'' \end{array}$$

Cálculo del ángulo B

$$\cos\,(90° - B) = \text{ctg}\, c\ .\ \text{ctg}\,(90° - C) \Rightarrow \text{sen}\, B = \frac{\text{tg}\, C}{\text{tg}\, c} = \frac{1{,}52531}{2{,}63953} = 0{,}57787 \Rightarrow$$

$$\Rightarrow \begin{array}{l} B_1 = 35°\ 25'\ 08'' \\ B_2 = 144°\ 41'\ 56'' \end{array}$$

Combinación de las soluciones

Solución I	Solución II
A_1 = 63° 25' 08"	A_2 = 116° 34' 51"
B_2 = 144° 41' 56"	B_1 = 35° 18' 03"
b_2 = 139° 44' 45"	b_1 = 40° 15' 14"

22. **Resolver el triángulo esférico rectilátero:**

A = 51° 25' 42"

B = 47° 33' 12"

$B < 90° \Rightarrow b < 90°$; $A < 90° \Rightarrow$ ángulos de distinta especie $\Rightarrow C > 90° \Rightarrow c > 90°$

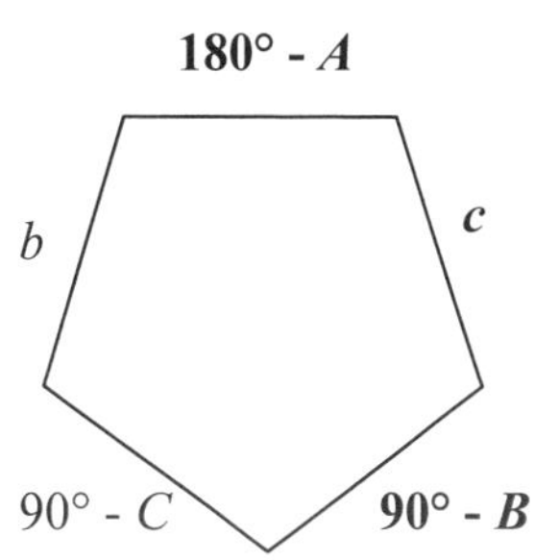

Cálculo del lado c

$$\cos c = \text{ctg}\,(180° - A)\,\text{ctg}\,(90° - B) = -\frac{\text{tg}\,B}{\text{tg}\,A} = -\frac{1{,}09335}{1{,}25394} =$$

$$= -0{,}87193 \Rightarrow c = 150°\,41'\,02''$$

Cálculo del lado b

$$\cos\,(90° - B) = \text{sen}\,b\,\text{sen}\,(180° - A) \Rightarrow \text{sen}\,B = \text{sen}\,b\,\text{sen}\,A \Rightarrow$$

$$\Rightarrow \text{sen}\,b = \frac{\text{sen}\,B}{\text{sen}\,A} = \frac{0{,}73790}{0{,}78182} = 0{,}94382 \Rightarrow b = 70°\,42'\,14''$$

Cálculo del ángulo C

$$\cos\,(180° - A) = \text{sen}\,(90° - B)\,\text{sen}\,(90° - C) \Rightarrow -\cos A = \cos B \cos C \Rightarrow$$

$$\Rightarrow \cos C = -\frac{\cos A}{\cos B} = -\frac{0{,}62349}{0{,}67490} = -0{,}92382 \Rightarrow C = 157°\,29'\,31''$$

23. **Discutir y resolver el triángulo esférico rectilátero:**

$c = 39°\,40'\,17''$

$C = 62°\,24'\,52''$

$c, C < 90° \Rightarrow c < C \Rightarrow \text{sen}\,c < \text{sen}\,C \Rightarrow \text{sen}\,A = \dfrac{\text{sen}\,C}{\text{sen}\,c} > 1 \Rightarrow$ No tiene solución.

Tema 5

Resolución de triángulos esféricos oblicuángulos

5.1. 1.er caso: Conocidos los tres lados

Se tiene los datos a, b, y c y hay que hallar A, B, y C.

Cálculo de A, B y C

Partiendo de las fórmulas

$\cos a = \cos b \cos c + \operatorname{sen} b \operatorname{sen} c \cos A$

$\cos b = \cos a \cos c + \operatorname{sen} a \operatorname{sen} c \cos B$

$\cos c = \cos a \cos b + \operatorname{sen} a \operatorname{sen} b \cos C$

se obtiene:

$$\boxed{\begin{aligned} \cos A &= \frac{\cos a - \cos b \cos c}{\operatorname{sen} b \operatorname{sen} c} \\ \cos B &= \frac{\cos b - \cos a \cos c}{\operatorname{sen} a \operatorname{sen} c} \\ \cos C &= \frac{\cos c - \cos a \cos b}{\operatorname{sen} a \operatorname{sen} b} \end{aligned}}$$

Ejemplo:

Resolver el triángulo esférico:

$a = 27° 42' 36''$

$b = 116° 08' 54''$

$c = 118° 35' 24''$

Solución:

$$\cos A = \frac{\cos a - \cos b \cos c}{\operatorname{sen} b \operatorname{sen} c} = \frac{0'88531 - (-0'44069).(-0'47853)}{0'89765.0'87806} =$$

$= 0'85566 \Rightarrow A = 31° 10' 00''$

$$\cos B = \frac{\cos b - \cos a \cos c}{\text{sen } a \text{ sen } c} = \frac{-0'44069 - 0'88531.(-0'47853)}{0'46499.0'87806} =$$

$$= -0'04175 \Rightarrow B = 92° \ 23' \ 35''$$

$$\cos C = \frac{\cos c - \cos a \cos b}{\text{sen } a \text{ sen } b} = \frac{-0'47853 - 0'88531.(-0'44069)}{0'46499.0'89765} =$$

$$= -0'21174 \Rightarrow C = 102° \ 13' \ 29''$$

5.2. **2.º caso: Conocidos los tres ángulos**

Los datos son A, B y C y hay que calcular a, b y c.

Cálculo de a, b y c:

Partiendo de las fórmulas:

$\cos A = - \cos B \cos C + \text{sen } B \text{ sen } C \cos a$

$\cos B = - \cos A \cos C + \text{sen } A \text{ sen } C \cos b$

$\cos C = - \cos A \cos B + \text{sen } A \text{ sen } B \cos c$

se obtiene:

$$\cos a = \frac{\cos A + \cos B \cos C}{\text{sen } B \text{ sen } C}$$

$$\cos b = \frac{\cos B + \cos A \cos C}{\text{sen } A \text{ sen } C}$$

$$\cos c = \frac{\cos C + \cos A \cos B}{\text{sen } A \text{ sen } B}$$

Ejemplo:

Resolver el triángulo esférico:

$A = 69° \ 15' \ 54''$

$B = 124° \ 06' \ 12''$

$C = 73° \ 41' \ 36''$

Solución:

$$\cos a = \frac{\cos A + \cos B \cos C}{\text{sen } B \text{ sen } C} = \frac{0'35404 + (-0'56068).0'28077}{0'82802.0'95977} =$$

$= 0'24740 \Rightarrow a = 75° \; 40' \; 33''$

$$\cos b = \frac{\cos B + \cos A \cos C}{\text{sen } A \text{ sen } C} = \frac{(-0'56068) + 0'35404.0'28077}{0'93522.0'95977} =$$

$= -0'51390 \Rightarrow b = 120° \; 55' \; 27''$

$$\cos c = \frac{\cos C + \cos A \cos B}{\text{sen } A \text{ sen } B} = \frac{0'28077 + 0'35404.(-0'56068)}{0'93522.0'82802} =$$

$= 0'10623 \Rightarrow c = 83° \; 54' \; 06''$

5.3. 3.er caso: Conocidos dos lados y el ángulo comprendido entre ellos

Se conocen *a, b* y *C* y hay que calcular *c, A* y *B*.

Cálculo de c: $\boxed{\cos c = \cos a \cos b + \text{sen } a \text{ sen } b \cos C}$

Cálculo de A y B:

Partiendo de las fórmulas:

$\text{ctg } a \text{ sen } b = \cos b \cos C + \text{sen } C \text{ ctg } A$

$\text{ctg } b \text{ sen } a = \cos a \cos C + \text{sen } C \text{ ctg } B$

se obtiene:

$$\text{ctg } A = \frac{\text{ctg } a \text{ sen } b - \cos b \cos C}{\text{sen } C}$$

$$\text{ctg } B = \frac{\text{ctg } b \text{ sen } a - \cos a \cos C}{\text{sen } C}$$

Ejemplo:

Resolver el triángulo esférico:

$a = 27° \, 42' \, 36''$

$b = 116° 08' \, 54''$

$C = 18° \, 35' \, 24''$

Solución:

$\cos c = \cos a \cos b + \operatorname{sen} a \operatorname{sen} b \cos C =$

$= 0'88531.(-0'44069) + 0'46499.0'89765.0'94782 = 0'00547 \Rightarrow c = 89° \, 41' \, 11''$

$$\operatorname{ctg} A = \frac{\operatorname{ctg} a \operatorname{sen} b - \cos b \cos C}{\operatorname{sen} C} =$$

$$= \frac{\left(\dfrac{1}{0'52523}\right).0'89765 - (-0'44069).0'94782}{0'31879} = 6'67133 \Rightarrow$$

$\Rightarrow \operatorname{tg} A = 0'14989 \Rightarrow A = 08° \, 31' \, 30''$

$$\operatorname{ctg} B = \frac{\operatorname{ctg} b \operatorname{sen} a - \cos a \cos C}{\operatorname{sen} C} =$$

$$= \frac{\left(\dfrac{1}{-2'03690}\right).0'46499 - 0'88531.0'94782}{0'31879} = -3'34827 \Rightarrow$$

$\Rightarrow \operatorname{tg} B = -0'29866 \Rightarrow B = 163° \, 22' \, 16''$

5.4. **4.º caso: conocidos un lado y los dos ángulos adyacentes**

Se conocen c, A y B y hay que calcular a, b y C.

Cálculo de C:

$$\boxed{\cos C = -\cos A \cos B + \operatorname{sen} A \operatorname{sen} B \cos c}$$

Cálculo de a y b:

Partiendo de las fórmulas:

$\operatorname{ctg} a \operatorname{sen} c = \cos c \cos B + \operatorname{sen} B \operatorname{ctg} A$

$\operatorname{ctg} b \operatorname{sen} c = \cos c \cos A + \operatorname{sen} A \operatorname{ctg} B$

se obtiene:

$$\operatorname{ctg} a = \frac{\cos c \cos B + \operatorname{sen} B \operatorname{ctg} A}{\operatorname{sen} c}$$

$$\operatorname{ctg} b = \frac{\cos c \cos A + \operatorname{sen} A \operatorname{ctg} B}{\operatorname{sen} c}$$

Ejemplo:

Resolver el triángulo esférico:

$A = 39° \ 15' \ 54''$

$B = 124° \ 06' \ 12''$

$c = 73° \ 41' \ 36''$

Solución:

$\cos C = -\cos A \cos B - \operatorname{sen} A \operatorname{sen} B \cos c =$

$= -0'77422.(-0'56068) + 0'63290.0'82802.0'28077 = 0'58122 \Rightarrow C = 54° \ 27' \ 47''$

$$\operatorname{ctg} a = \frac{\cos c \cos B + \operatorname{sen} B \operatorname{ctg} A}{\operatorname{sen} c} =$$

$$= \frac{0'28077.(-0'56068) + 0'82802.\left(\dfrac{1}{0'81747}\right)}{0'95977} = 0'89133 \Rightarrow \text{tg}\, a = 1'12190 \Rightarrow$$

$$\Rightarrow a = 48° \; 17' \; 17''$$

$$\text{ctg}\, b = \frac{\cos c \cos A + \text{sen}\, A \,\text{ctg}\, B}{\text{sen}\, c} =$$

$$= \frac{0'28077.0'77422 + 0'63290.\left(\dfrac{1}{-1'47680}\right)}{0'95977} = -\,0'22003 \Rightarrow \text{tg}\, b = -4'54470 \Rightarrow$$

$$\Rightarrow b = 102° \; 24' \; 34''$$

5.5. **Analogías de Neper**

Primera analogía de Neper:

$$\boxed{\frac{\text{tg}\,\frac{1}{2}(A+B)}{\text{ctg}\,\frac{1}{2}C} = \frac{\cos\frac{1}{2}(a-b)}{\cos\frac{1}{2}(a+b)}}$$

Segunda analogía de Neper:

$$\boxed{\frac{\text{tg}\,\frac{1}{2}(A-B)}{ctg\,\frac{1}{2}C} = \frac{\text{sen}\,\frac{1}{2}(a-b)}{\text{sen}\,\frac{1}{2}(a+b)}}$$

Tercera analogía de Neper:

$$\boxed{\frac{\text{tg}\,\frac{1}{2}(a+b)}{\text{tg}\,\frac{1}{2}c} = \frac{\cos\frac{1}{2}(A-B)}{\cos\frac{1}{2}(A+B)}}$$

Cuarta analogía de Neper:

$$\boxed{\frac{\operatorname{tg}\frac{1}{2}(a-b)}{\operatorname{tg}\frac{1}{2}c}=\frac{\operatorname{sen}\frac{1}{2}(A-B)}{\operatorname{sen}\frac{1}{2}(A+B)}}$$

Demostración:

Se toman las fórmulas generales del cuarto grupo:

$$\cos A = -\cos B \cos C + \operatorname{sen} B \operatorname{sen} C \cos a$$

$$\cos B = -\cos A \cos C + \operatorname{sen} A \operatorname{sen} C \cos b$$

Sumando miembro a miembro y sacando factor común $\cos C$ y $\operatorname{sen} C$, se obtiene:

$$\cos A + \cos B = -\cos C (\cos A + \cos B) + \operatorname{sen} C (\operatorname{sen} B \cos a + \operatorname{sen} A \cos b)$$

A continuación, se pasa el término en $\cos C$ al primer miembro, y se saca como factor común $(\cos A + \cos B)$, con lo que se tiene:

$$(\cos A + \cos B)(1 + \cos C) = \operatorname{sen} C (\operatorname{sen} B \cos a + \operatorname{sen} A \cos b)$$

Dividiendo toda la expresión por $(1 + \cos C)$ y teniendo en cuenta que

$\frac{\operatorname{sen} C}{1+\cos C} = \operatorname{tg}\frac{1}{2}C$, resulta:

$$\cos A + \cos B = \operatorname{tg}\frac{1}{2}C (\operatorname{sen} B \cos a + \operatorname{sen} A \cos b)$$

Se toma ahora el segundo grupo de las fórmulas generales, $\frac{\operatorname{sen} A}{\operatorname{sen} a} = \frac{\operatorname{sen} B}{\operatorname{sen} b} = K$, de las cuales se obtiene que $\operatorname{sen} A = K \operatorname{sen} a$ y $\operatorname{sen} B = K \operatorname{sen} b$

Sustituyendo estas expresiones en la última fórmula y sacando factor común a K, queda:

$$\cos A + \cos B = K \operatorname{tg}\frac{1}{2}C\ (\operatorname{sen} b \cos a + \operatorname{sen} a \cos b) \Rightarrow$$

$$\Rightarrow \cos A + \cos B = K \operatorname{tg}\frac{1}{2}C \operatorname{sen}(a+b)$$

Cómo sen $A \pm$ sen $B = K$(sen $a \pm$ sen b), dividiendo miembro a miembro cada una de las dos igualdades por la fórmula anterior, dan como resultado:

$$\frac{\operatorname{sen} A+\operatorname{sen} B}{\cos A+\cos B}=\operatorname{ctg} \frac{1}{2} C \frac{\operatorname{sen} a+\operatorname{sen} b}{\operatorname{sen}(a+b)}$$

$$\frac{\operatorname{sen} A-s \text{en} B}{\cos A+\cos B}=\operatorname{ctg} \frac{1}{2} C \frac{\operatorname{sen} a-\operatorname{sen} b}{\operatorname{sen}(a+b)}$$

Es decir:

$$\frac{2 \operatorname{sen} \frac{1}{2}(A+B) \cos \frac{1}{2}(A-B)}{2 \cos \frac{1}{2}(A+B) \cos \frac{1}{2}(A-B)}=\operatorname{ctg} \frac{1}{2} C \frac{2 \operatorname{sen} \frac{1}{2}(a+b) \cos \frac{1}{2}(a-b)}{\operatorname{sen}(a+b)}$$

$$\frac{2 \cos \frac{1}{2}(A+B) \operatorname{sen} \frac{1}{2}(A-B)}{2 \cos \frac{1}{2}(A+B) \cos \frac{1}{2}(A-B)}=\operatorname{ctg} \frac{1}{2} C \frac{2 \operatorname{sen} \frac{1}{2}(a+b) \operatorname{sen} \frac{1}{2}(a-b)}{\operatorname{sen}(a+b)}$$

De donde se obtienen las dos primeras analogías de Neper:

$$\operatorname{tg} \frac{1}{2}(A+B)=\operatorname{ctg} \frac{1}{2} C \frac{\cos \frac{1}{2}(a-b)}{\cos \frac{1}{2}(a+b)}$$

$$\operatorname{tg} \frac{1}{2}(A-B)=\operatorname{ctg} \frac{1}{2} C \frac{\operatorname{sen} \frac{1}{2}(a-b)}{\operatorname{sen} \frac{1}{2}(a+b)}$$

Para calcular las otras dos analogías, basta con aplicar las ya conseguidas al triángulo polar y a continuación sustituir *A*', *B*', *C*', *a*', *b*' y *c*' por 180°- *a*, 180°- *b*, 180°- *c*, 180°- *A*, 180°- *B* y 180°- *C*, respectivamente, con lo que se obtiene:

$$\operatorname{tg} \frac{1}{2}(a+b)=\operatorname{tg} \frac{1}{2} c \frac{\cos \frac{1}{2}(A-B)}{\cos \frac{1}{2}(A+B)}, \qquad \operatorname{tg} \frac{1}{2}(a-b)=\operatorname{tg} \frac{1}{2} c \frac{\operatorname{sen} \frac{1}{2}(A-B)}{\operatorname{sen} \frac{1}{2}(A+B)}$$

Este razonamiento también se podría haber hecho obteniendo primero la tercera y cuarta analogías a partir del primer grupo de fórmulas generales y, a continuación, la primera y segunda mediante los triángulo polares.

5.6. **5.º caso: Conocidos dos lados y el ángulo opuesto a uno de ellos.**

Conocidos *a, b* y *A*, hay que calcular *B, c* y *C*.

Cálculo de B:

$$\operatorname{sen} B = \frac{\operatorname{sen} b \operatorname{sen} A}{\operatorname{sen} a}$$

Para calcular *C* y *c* no sirven las fórmulas demostradas en el tema 2, por lo que es necesario recurrir a las analogías de Neper. Esta es una de las situaciones en las que es imprescindible calcular un dato intermedio para poder seguir con la resolución del problema.

Cálculo de C:

Usando la primera analogía de Neper:

$$\operatorname{tg} \frac{1}{2} C = \frac{\cos \frac{1}{2}(a - b)}{\cos \frac{1}{2}(a + b) \operatorname{tg} \frac{1}{2}(A + B)}$$

Cálculo de c:

Usando la tercera analogía de Neper:

$$\operatorname{tg} \frac{1}{2} c = \frac{\operatorname{tg} \frac{1}{2}(a + b) \cos \frac{1}{2}(A + B)}{\cos \frac{1}{2}(A - B)}$$

En este caso, como el ángulo B viene determinado a partir del seno, no se puede saber su especie, por lo que, antes de comenzar a resolver el problema en cuestión, es necesario hacer una discusión previa para ver si hay dos soluciones, una o ninguna.

5.7. **Discusion del 5.º caso**

La discusión de este caso, que está basada en los datos y en las propiedades siguientes:

1. La suma de los lados es mayor, menor o igual que 180° si, y sólo si, la suma de sus lados opuestos también lo es:

$$A + B > (<, =)\ 180° \Leftrightarrow a + b > (<, =)\ 180°$$

2. A lados iguales se oponen ángulos iguales y viceversa.

$$a = b \Leftrightarrow A = B$$

3. A mayor lado se opone mayor ángulo y viceversa.

$$a > b \Leftrightarrow A > B$$

$$A < 90° \begin{cases} a+b<180° \Rightarrow A+B<180° \begin{cases} a<b \Rightarrow A<B \Rightarrow B_1<90° \ y\ B_2>90° \\ a=b \Rightarrow A=B \Rightarrow B<90° \\ a>b \Rightarrow A>B \Rightarrow B<90° \end{cases} \\ a+b=180° \Rightarrow A+B=180° \begin{cases} a<b \Rightarrow A<B \Rightarrow B>90° \\ a=b \Rightarrow A=B \text{ No es posible} \\ a>b \Rightarrow A>B \text{ No es posible} \end{cases} \\ a+b>180° \Rightarrow A+B>180° \begin{cases} a<b \Rightarrow A<B \Rightarrow B>90° \\ a=b \Rightarrow A=B \text{ No es posible} \\ a>b \Rightarrow A>B \text{ No es posible} \end{cases} \end{cases}$$

$$A > 90° \begin{cases} a+b<180° \Rightarrow A+B<180° \begin{cases} a<b \Rightarrow A<B \text{ No es posible} \\ a=b \Rightarrow A=B \text{ No es posible} \\ a>b \Rightarrow A>B \Rightarrow B<90° \end{cases} \\ a+b=180° \Rightarrow A+B=180° \begin{cases} a<b \Rightarrow A<B \text{ No es posible} \\ a=b \Rightarrow A=B \text{ No es posible} \\ a>b \Rightarrow A>B \Rightarrow B<90° \end{cases} \\ a+b>180° \Rightarrow A+B>180° \begin{cases} a<b \Rightarrow A<B \Rightarrow B>90° \\ a=b \Rightarrow A=B \Rightarrow B>90° \\ a>b \Rightarrow A>B \Rightarrow B_1<90° \ y\ B_2>90° \end{cases} \end{cases}$$

Cuando hay dos soluciones, en primer lugar se hallan los dos valores que tiene el ángulo B, teniendo en cuenta que $B_2 = 180° - B_1$. A continuación, se obtienen el ángulo C_1 y el lado c_1 aplicando las analogías de Neper (seno o coseno) con el dato intermedio B_1, . De la misma forma, usando el dato intermedio B_2 en las mismas analogías usadas anteriormente, se obtienen el ángulo C_2 y el lado c_2.

Ejemplo:

Resolver el triángulo esférico:

$a = 100° \, 41' \, 04''$

$b = 115° \, 20' \, 32''$

$A = 125° \, 23' \, 42''$

Solución:

$$A > 90°;\ a + b > 180° \Rightarrow A + B > 180°;\ a < b \Rightarrow A < B \Rightarrow B > 90°$$

$$\text{sen } B = \frac{\text{sen } A \,\text{sen } b}{\text{sen } a} = \frac{0'81517.0'90376}{0'98266} = 0'74971 \Rightarrow B = 131° \, 26' \, 03''$$

$$\frac{1}{2}(a+b) = 108° \, 00' \, 48'' \qquad \frac{1}{2}(A+B) = 128° \, 24' \, 52''$$

$$\frac{1}{2}(b - a) = 07° \, 19' \, 44'' \qquad \frac{1}{2}(B - A) = 03° \, 01' \, 10''$$

$$\text{tg} \frac{1}{2} C = \frac{\cos \frac{1}{2}(a - b)}{\text{tg} \frac{1}{2}(A+B) \cos \frac{1}{2}(a+b)} = \frac{0'99183}{(-1'26103).(-0'30923)} = 2'54349 \Rightarrow$$

$$\Rightarrow \frac{1}{2} C = 68° \, 32' \, 14'' \Rightarrow C = 137° \, 04' \, 28''$$

$$\text{tg} \frac{1}{2} c = \frac{\text{tg} \frac{1}{2}(a+b) \cos \frac{1}{2}(A+B)}{\cos \frac{1}{2}(A - B)} = \frac{(-3'07524).(-0'62134)}{0'99861} = 1'91342 \Rightarrow$$

$$\Rightarrow \frac{1}{2} c = 62° \, 24' \, 27'' \Rightarrow c = 124° \, 48' \, 54''$$

5.8. **6.º caso: Conocidos dos ángulos y el lado opuesto a uno de ellos.**

Se conocen A, B y a y hay que calcular b, C y c.

Cálculo de b:

$$\operatorname{sen} b = \frac{\operatorname{sen} a \operatorname{sen} B}{\operatorname{sen} A}$$

Cálculo de c:

De la primera analogía de Neper se obtiene:

$$\operatorname{tg} \frac{1}{2} c = \frac{\cos \frac{1}{2}(A+B) \operatorname{tg} \frac{1}{2}(a+b)}{\cos \frac{1}{2}(A-B)}$$

Cálculo de C:

De la tercera analogía de Neper se obtiene:

$$\operatorname{tg} \frac{1}{2} C = \frac{\cos \frac{1}{2}(a-b)}{\operatorname{tg} \frac{1}{2}(A+B) \cos \frac{1}{2}(a+b)}$$

El lado b viene determinado por su seno, por lo tanto, no se sabe su especie, por lo que hay que hacer una discusión, que se basa en las mismas propiedades del caso anterior:

5.9. **Discusion del 6.º caso:**

$$a < 90° \begin{cases} A + B < 180° \Rightarrow a + b < 180° \begin{cases} A < B \Rightarrow a < b \Rightarrow b_1 < 90° \; y \; b_2 > 90° \\ A = B \Rightarrow a = b \Rightarrow b < 90° \\ A > B \Rightarrow a > b \Rightarrow b < 90° \end{cases} \\ A + B = 180° \Rightarrow a + b = 180° \begin{cases} A < B \Rightarrow a < b \Rightarrow b > 90° \\ A = B \Rightarrow a = b \text{ No es posible} \\ A > B \Rightarrow a > b \text{ No es posible} \end{cases} \\ A + B > 180° \Rightarrow a + b > 180° \begin{cases} A < B \Rightarrow a < b \Rightarrow b > 90° \\ A = B \Rightarrow a = b \text{ No es posible} \\ A > B \Rightarrow a > b \text{ No es posible} \end{cases} \end{cases}$$

$$a > 90° \begin{cases} A + B < 180° \Rightarrow a + b < 180° \begin{cases} A < B \Rightarrow a < b \text{ No es posible} \\ A = B \Rightarrow a = b \text{ No es posible} \\ A > B \Rightarrow a > b \Rightarrow b < 90° \end{cases} \\ A + B = 180° \Rightarrow a + b = 180° \begin{cases} A < B \Rightarrow a < b \text{ No es posible} \\ A = B \Rightarrow a = b \text{ No es posible} \\ A > B \Rightarrow a > b \Rightarrow b < 90° \end{cases} \\ A + B > 180° \Rightarrow a + b > 180° \begin{cases} A < B \Rightarrow a < b \Rightarrow b > 90° \\ A = B \Rightarrow a = b \Rightarrow b > 90° \\ A > B \Rightarrow a > b \Rightarrow b_1 < 90° \; y \; b_2 > 90° \end{cases} \end{cases}$$

Ejemplo:

Resolver el triángulo esférico:

$A = 161° \; 41' \; 35''$

$B = \; 18° \; 18' \; 25''$

$a = \; 22° \; 15' \; 39''$

Solución:

$a < 90°; A + B = 180° \Rightarrow a + b = 180°; A > B \Rightarrow a > b$ Imposible.

5.10. **Observaciones**

Para resolver dos últimos casos vistos anteriormente, se han utilizado la primera y tercera analogías de Neper, es decir, las analogías del coseno. El razonamiento sería igualmente válido si se hubieran utilizado la segunda y la cuarta, es decir, las del seno.

Sin embargo hay dos situaciones en las que no se pueden utilizar indistintamente las analogías del coseno o las del seno:

— Cuando la suma de los lados (o de los ángulos) que aparecen en los datos suman 180°, es imprescindible usar las analogías del seno, pues en caso contrario quedaría una indeterminación.

— Cuando los lados (o los ángulos) que aparecen en los datos son iguales, es imprescindible usar las del coseno, pues en caso contrario quedaría una indeterminación.

5.11. **Método del perpendículo**

Todo triángulo esférico se puede descomponer en dos triángulos rectángulos trazando desde un vértice el arco de círculo máximo perpendicular al lado opuesto que se llama altura esférica o perpendículo (*p*).

El perpendículo, siempre que se pueda, debe trazarse desde un vértice diferente al ángulo conocido y de manera que nunca deje a uno de los dos triángulos rectángulos sin conocer dos de sus elementos. En algunos casos, como en el que los datos dados son los tres lados del triángulo, no resulta práctico ya que queda bastante complicado.

Para resolver el triángulo esférico oblicuángulo, hay que resolver sucesivamente los dos triángulos esféricos rectángulos que se han formado al trazar el perpendículo (Figs. 5.1 y 5.2).

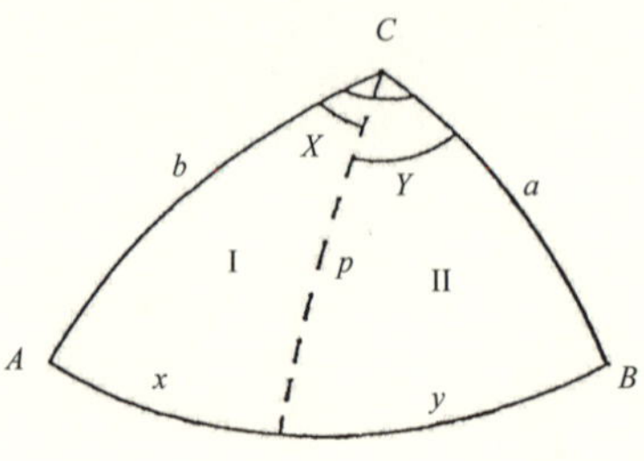

Figura 5.1

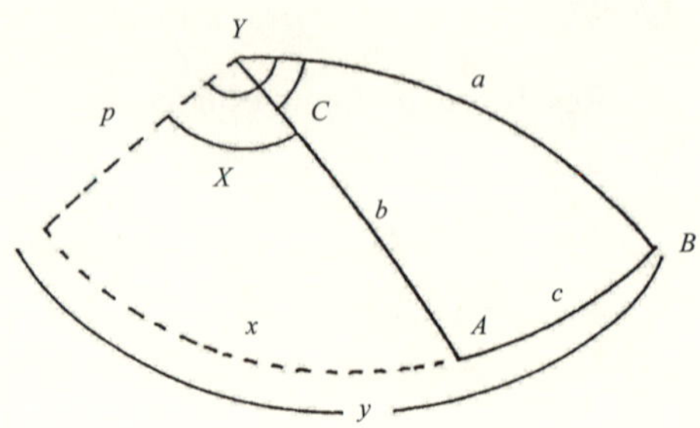

Figura 5.2

Ejemplo:

Resolver el triángulo esférico que tiene como datos iniciales:

$A = 75° \, 40'$

$b = 42° \, 23'$

$c = 107° \, 14'$

Si se consideran los dos triángulos rectángulos que se determinan al trazar el perpendículo *CD* desde el vértice *C* (Fig. 5.3).

En primer lugar hay que resolver el triángulo I, en el que se tienen como datos la hipotenusa *b* y un ángulo *A* (Fig. 5.4). Una vez resuelto este primer triángulo, se pasa a resolver el triángulo II, donde se tienen como datos los catetos *p* e *y* (Fig. 5.5).

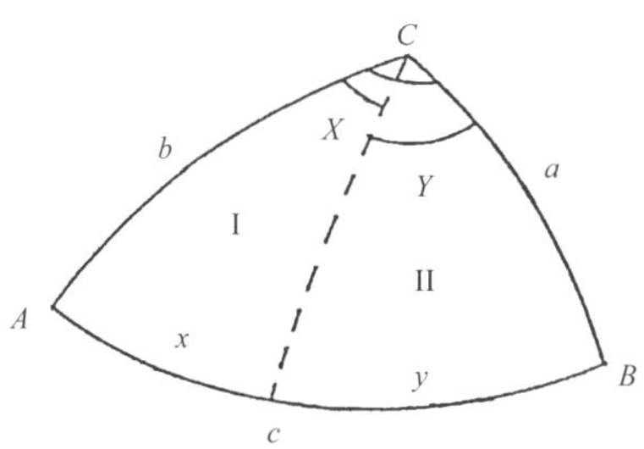

Figura 5.3

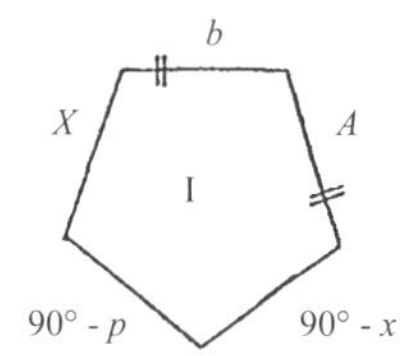

Figura 5.4

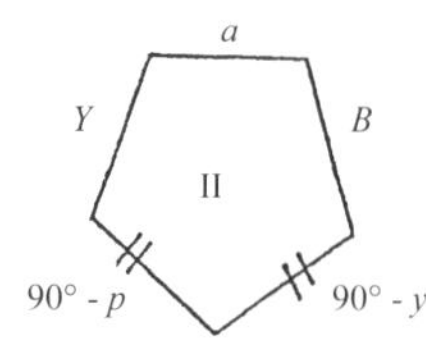

Figura 5.5

Triángulo I:

$\text{sen}\, p = \text{sen}\, A \,\text{sen}\, b = 0'96887.0'67408 = 0'65309 \Rightarrow p = 40° \, 46' \, 32''$

$\text{tg}\, x = \cos A \,\text{tg}\, b = 0'24756.0'91259 = 0'22592 \Rightarrow x = 12° \, 43' \, 50'' \Rightarrow$

$\Rightarrow y = c - x = 94° \, 39' \, 10''$

$$\text{tg}\, X = \frac{1}{\cos b \,\text{tg}\, A} = \frac{1}{0'73865.3'91364} = 0'345992 \Rightarrow X = 19° \, 04' \, 54''$$

Triángulo II:

$$\cos a = \cos p \cos y = 0'75727.(-0'08111) = -0'06142 \Rightarrow a = 93° \; 31' \; 17''$$

$$\text{tg}\, B = \frac{\text{tg}\, p}{\text{sen}\, y} = \frac{0'86243}{0'99670} = 0'86528 \Rightarrow B = 40° \; 52' \, 08''$$

$$\text{tg}\, Y = \frac{\text{tg}\, y}{\text{sen}\, p} = \frac{-1'22872}{0'65309} = -1'881399 \Rightarrow Y = 93° \; 02' \, 33''$$

$$C = X + Y = 112° \; 07' \; 27''$$

5.12. **Ejercicios**

1. **Resolver el triángulo esférico oblicuángulo:**

a = 56° 22' 13"

b = 65° 54' 34"

c = 78° 27' 17"

Cálculo del ángulo A

$$\cos A = \frac{\cos a - \cos b . \cos c}{\operatorname{sen} b . \operatorname{sen} c} = \frac{0{,}55382 - 0{,}40817 . 0{,}20014}{0{,}91290 . 0{,}97976} = 0{,}52785 \Rightarrow$$

$\Rightarrow$ A = 58° 08' 21"

Cálculo del ángulo B

$$\cos B = \frac{\cos b - \cos a . \cos c}{\operatorname{sen} a . \operatorname{sen} c} = \frac{0{,}40187 - 0{,}55382 . 0{,}20014}{0{,}83263 . 0{,}97976} = 0{,}36447 \Rightarrow$$

$\Rightarrow$ B = 68° 37' 29"

Cálculo del ángulo C

$$\cos C = \frac{\cos c - \cos a . \cos b}{\operatorname{sen} a . \operatorname{sen} b} = \frac{0{,}20014 - 0{,}55382 . 0{,}40817}{0{,}83263 . 0{,}91290} = -0{,}03409 \Rightarrow$$

$\Rightarrow$ C = 91° 57' 13"

2. **Resolver el triángulo esférico oblicuángulo:**

A = 39° 14' 44"

C = 17° 21' 42"

b = 59° 12' 51"

Cálculo del ángulo B

$\cos B = - \cos C \cos A + \operatorname{sen} C \operatorname{sen} A \cos b =$

$= - 0{,}95444 . 0{,}77444 + 0{,}29840 . 0{,}63264 . 0{,}51183 = - 0{,}64253 \Rightarrow$

$\Rightarrow$ B = 129° 58' 51"

Cálculo del lado a

$$\operatorname{ctg} a = \frac{\cos b.\cos C + \dfrac{\operatorname{sen} C}{\operatorname{tg} A}}{\operatorname{sen} b} = \frac{0{,}51183.0{,}95444 + \dfrac{0{,}29840}{0{,}81690}}{0{,}85908} = 0{,}99384 \Rightarrow$$

$\Rightarrow \operatorname{tg} a = 1{,}00619 \Rightarrow\ a = 45°\ 10'\ 36''$

Cálculo del lado c

$$\operatorname{ctg} c = \frac{\cos b.\cos A + \dfrac{\operatorname{sen} A}{\operatorname{tg} C}}{\operatorname{sen} b} = \frac{0{,}51183.0{,}77444 + \dfrac{0{,}63264}{0{,}31264}}{0{,}85908} = 2{,}81687 \Rightarrow$$

$\Rightarrow \operatorname{tg} c = 0{,}35500 \Rightarrow\ c = 19°\ 32'\ 42''$

3. **Resolver el triángulo esférico oblicuángulo:**

   $A = 138°\ 14'\ 22''$

   $B = 42°\ 31'\ 42''$

   $C = 63°\ 12'\ 20''$

Cálculo del lado a

$$\cos a = \frac{\cos A + \cos B.\cos C}{\operatorname{sen} B.\operatorname{sen} C} = \frac{-0{,}74593 + 0{,}73694.0{,}45079}{0{,}67595.0{,}89262} = -\ 0{,}68568 \Rightarrow$$

$\Rightarrow\ a = 133°\ 17'\ 24''$

Cálculo del lado b

$$\cos b = \frac{\cos B + \cos A.\cos C}{\operatorname{sen} A.\operatorname{sen} C} = \frac{0{,}73694 + (-0{,}74593).0{,}45079}{0{,}66601.0{,}89292} = 0{,}67398 \Rightarrow$$

$\Rightarrow\ b = 47°\ 37'\ 27''$

Cálculo del lado c

$$\cos c = \frac{\cos C + \cos A.\cos B}{\operatorname{sen} A.\operatorname{sen} B} = \frac{0{,}45079 + (-0{,}74593).0{,}73694}{0{,}66601.0{,}67595} = -0{,}21972 \Rightarrow$$

$\Rightarrow\ c = 102°\ 41'\ 33''$

4. **Resolver el triángulo esférico oblicuángulo:**

A = 51° 14' 32"

C = 62° 23' 30"

b = 72° 03' 15"

Cálculo del ángulo B

$\cos B = -\cos C \cos A + \operatorname{sen} C \operatorname{sen} A \cos b =$

$= -0{,}46342 \,.\, 0{,}62602 + 0{,}88613 \,.\, 0{,}77979 \,.\, 0{,}30811 =$

$= -0{,}07720 \Rightarrow B = 94° \; 25' \; 41''$

Cálculo del lado a

$$\operatorname{ctg} a = \frac{\cos b . \cos C + \dfrac{\operatorname{sen} C}{\operatorname{tg} A}}{\operatorname{sen} b} = \frac{0{,}30811 . 0{,}46342 + \dfrac{0{,}88613}{1{,}24562}}{0{,}85908} = 0{,}89787 \Rightarrow$$

$\Rightarrow \operatorname{tg} a = 1{,}11374 \Rightarrow a = 48° \; 04' \; 48''$

Cálculo del lado c

$$\operatorname{ctg} c = \frac{\cos b . \cos A + \dfrac{\operatorname{sen} A}{\operatorname{tg} C}}{\operatorname{sen} b} = \frac{0{,}30811 . 0{,}62602 + \dfrac{0{,}77979}{1{,}91214}}{0{,}95134} = 0{,}63141 \Rightarrow$$

$\Rightarrow \operatorname{tg} c = 1{,}58373 \Rightarrow c = 57° \; 43' \; 51''$

5. **Resolver el triángulo esférico oblicuángulo:**

B = 82° 18' 03"

a = 76° 39' 50"

c = 103° 20' 10"

Cálculo del lado b

$\cos b = \cos a \cos c + \operatorname{sen} a \operatorname{sen} c \cos B =$

$= 0{,}23066 \,.\, (-0{,}23066) + 0{,}97303 \,.\, 0{,}97303 \,.\, 0{,}13397 = 0{,}07363 \Rightarrow b = 85° \; 46' \; 37''$

Cálculo del ángulo A

$$\operatorname{ctg} A = \frac{\dfrac{\operatorname{sen} c}{\operatorname{tg} a} - \cos c \cdot \cos B}{\operatorname{sen} B} = \frac{\dfrac{0{,}97303}{4{,}21842} - (-0{,}23066) \cdot 0{,}13397}{0{,}99098} = 0{,}26394 \Rightarrow$$

$\Rightarrow \operatorname{tg} A = 3{,}78867 \Rightarrow A = 75° \ 12' \ 51''$

Cálculo del ángulo C

$$\operatorname{ctg} C = \frac{\dfrac{\operatorname{sen} a}{\operatorname{tg} c} - \cos a \cdot \cos B}{\operatorname{sen} B} = \frac{\dfrac{0{,}97303}{(-4{,}21842)} - 0{,}23066 \cdot 0{,}13397}{0{,}99098} = -0{,}26394 \Rightarrow$$

$\Rightarrow \operatorname{tg} C = -3{,}78867 \Rightarrow C = 104° \ 47' \ 09''$

C también podría haberse calculado teniendo en cuenta que:

$a + c = 180° \Rightarrow A + C = 180° \Rightarrow C = 180° - A = 180° - (75° \ 12' \ 51'') = 104° \ 47' \ 09''$

6. **Resolver el triángulo esférico oblicuángulo:**

$b = 62° \ 20' \ 32''$

$c = 53° \ 21' \ 52''$

$A = 70° \ 42' \ 18''$

Cálculo del lado a

$\cos a = \cos b \cos c + \operatorname{sen} b \operatorname{sen} c \cos A =$

$= 0{,}46418 \ . \ 0{,}59672 + 0{,}88573 \ . \ 0{,}80244 \ . \ 0{,}33043 = 0{,}51183 \Rightarrow a = 59° \ 12' \ 49''$

Cálculo del ángulo B

$$\operatorname{ctg} B = \frac{\dfrac{\operatorname{sen} c}{\operatorname{tg} b} - \cos c \cdot \cos A}{\operatorname{sen} A} = \frac{\dfrac{0{,}80244}{1{,}90813} - 0{,}59672 \cdot 0{,}33043}{0{,}94382} = 0{,}23665 \Rightarrow$$

$\Rightarrow \operatorname{tg} B = 4{,}22549 \Rightarrow B = 76° \ 41' \ 07''$

Cálculo del ángulo C

$$\text{ctg } C = \frac{\dfrac{\text{sen } b}{\text{tg } c} - \cos b . \cos A}{\text{sen } B} = \frac{\dfrac{0{,}88573}{1{,}34475} - 0{,}46418 . 0{,}33043}{0{,}94382} = 0{,}53535 \Rightarrow$$

$$\Rightarrow \text{tg } C = 1{,}86791 \Rightarrow C = 61° \; 50' \; 15''$$

7. **Discutir y resolver el triángulo esférico oblicuángulo:**

   ***a* = 52° 19' 08"**

   ***b* = 81° 42' 30"**

   ***A* = 47° 25' 10"**

$$A < 90°; \; a + b < 180° \Rightarrow A + B < 180°; \; a < b \Rightarrow A < B \Rightarrow \begin{array}{l} B_1 < 90° \\ B_2 > 90° \end{array}$$

Cálculo del ángulo B

$$\text{sen } B = \frac{\text{sen } A . \text{sen } b}{\text{sen } a} = \frac{0{,}73632 . 0{,}98954}{0{,}79142} = 0{,}92064 \Rightarrow \begin{array}{l} B_1 = 67° \; 01' \; 11'' \\ B_2 = 112° \; 58' \; 48'' \end{array}$$

$$\frac{1}{2}(a+b) = 67° \; 01' \; 11'' \qquad \frac{1}{2}(B_1 + A) = 57° \; 13' \; 10''$$

$$\frac{1}{2}(b-a) = 14° \; 41' \; 41'' \qquad \frac{1}{2}(B_1 - A) = 09° \; 48' \; 00''$$

Primera solución

Cálculo del ángulo C_1

$$tg \frac{1}{2} C_1 = \frac{\cos \dfrac{1}{2}(b-a)}{tg \dfrac{1}{2}(B_1 + A) . \cos \dfrac{1}{2}(b+a)} = \frac{0{,}96729}{1{,}55285 . 0{,}39051} = 1{,}59511 \Rightarrow$$

$$\Rightarrow \frac{1}{2}C_1 = 57° \, 54' \, 57'' \Rightarrow C_1 = 115° \, 49' \, 54''$$

Cálculo del lado c_1

$$\operatorname{tg}\frac{1}{2}c_1 = \frac{\operatorname{tg}\frac{1}{2}(b+a).\cos\frac{1}{2}(B_1 + A)}{\cos\frac{1}{2}(B_1 - A)} = \frac{2{,}35740.0{,}54152}{0{,}98540} = 1{,}29526 \Rightarrow$$

$$\Rightarrow \frac{1}{2}c_1 = 52° \, 19' \, 48'' \Rightarrow c_1 = 104° \, 39' \, 37''$$

Segunda solución

$$\frac{1}{2}(B_2 + A) = 80° \, 11' \, 59'' \qquad \frac{1}{2}(B_2 - A) = 32° \, 46' \, 49''$$

Cálculo del ángulo C_2

$$\operatorname{tg}\frac{1}{2}C_2 = \frac{\cos\frac{1}{2}(b-a)}{\operatorname{tg}\frac{1}{2}(B_2 + A).\cos\frac{1}{2}(b+a)} = \frac{0{,}96729}{5{,}78921.0{,}39051} = 0{,}42786 \Rightarrow$$

$$\Rightarrow \frac{1}{2}C_2 = 23° \, 09' \, 51'' \Rightarrow C_2 = 46° \, 19' \, 42''$$

Cálculo del lado c_2

$$\operatorname{tg}\frac{1}{2}c_2 = \frac{\operatorname{tg}\frac{1}{2}(b+a).\cos\frac{1}{2}(B_2 + A)}{\cos\frac{1}{2}(B_2 - A)} = \frac{2{,}35740.0{,}17021}{0{,}84075} = 0{,}47725 \Rightarrow$$

$$\Rightarrow \frac{1}{2}c_2 = 25° \, 30' \, 47'' \Rightarrow c_2 = 51° \, 01' \, 33''$$

8. **Discutir y resolver el triángulo esférico oblicuángulo:**

$a = 22° 10' 14''$

$b = 22° 10' 14''$

$A = 50° 01' 10''$

$A < 90°;\ a + b < 180° \Rightarrow A + B < 180°;\ a = b \Rightarrow A = B \Rightarrow\ B = 50°\ 01'\ 10''$

$\frac{1}{2}(a+b) = 22°\ 10'\ 14''$ $\qquad$ $\frac{1}{2}(B+A) = 50°\ 01'\ 10''$

$\frac{1}{2}(b-a) = 0°$ $\qquad$ $\frac{1}{2}(B-A) = 0°$

En este caso es imprescindible usar las analogías del coseno

Cálculo del ángulo C

$$\mathrm{tg}\frac{1}{2}C = \frac{\cos\frac{1}{2}(b-a)}{\mathrm{tg}\frac{1}{2}(B+A).\cos\frac{1}{2}(b+a)} = \frac{1}{1{,}19257.0{,}92606} = 0{,}90547 \Rightarrow$$

$$\Rightarrow \frac{1}{2}C = 42°\ 09'\ 35'' \Rightarrow C = 84°\ 19'\ 25''$$

Cálculo del lado c

$$\mathrm{tg}\frac{1}{2}c = \frac{\mathrm{tg}\frac{1}{2}(b+a).\cos\frac{1}{2}(B+A)}{\cos\frac{1}{2}(B-A)} = \frac{0{,}40749.0{,}64252}{1} = 0{,}26182 \Rightarrow$$

$$\Rightarrow \frac{1}{2}c = 14°\ 40'\ 19'' \Rightarrow c = 29°\ 20'\ 38''$$

9. **Discutir y resolver el triángulo esférico oblicuángulo:**

a = 75° 23' 04"

b = 40° 51' 34"

A = 83° 35' 23"

$A < 90°; a + b < 180° \Rightarrow A + B < 180°; a > b \Rightarrow A > B \Rightarrow B < 90°$

Cálculo del ángulo B

$$\operatorname{sen} B = \frac{\operatorname{sen} A.\operatorname{sen} b}{\operatorname{sen} a} = \frac{0{,}99374.0{,}65420}{0{,}96764} = 0{,}67184 \Rightarrow B = 42°\ 12'\ 34''$$

$$\frac{1}{2}(a+b) = 58°\ 07'\ 19'' \qquad \frac{1}{2}(B+A) = 50°\ 15'\ 28''$$

$$\frac{1}{2}(a-b) = 17°\ 15'\ 45'' \qquad \frac{1}{2}(A-B) = 20°\ 41'\ 24''$$

Cálculo del ángulo C

$$\operatorname{tg}\frac{1}{2}C = \frac{\cos\frac{1}{2}(a-b)}{\operatorname{tg}\frac{1}{2}(A+B).\cos\frac{1}{2}(a+b)} = \frac{0{,}95495}{1{,}95412.0{,}52811} = 0{,}92534 \Rightarrow$$

$$\Rightarrow \frac{1}{2}C = 42°\ 46'\ 46'' \Rightarrow C = 85°\ 3'\ 32''$$

Cálculo del lado c

$$\operatorname{tg}\frac{1}{2}c = \frac{\operatorname{tg}\frac{1}{2}(a+b).\cos\frac{1}{2}(A+B)}{\cos\frac{1}{2}(A-B)} = \frac{1{,}60793.0{,}45555}{0{,}93550} = 0{,}78300 \Rightarrow$$

$$\Rightarrow \frac{1}{2}c = 38°\ 03'\ 39'' \Rightarrow c = 76°\ 07'\ 19''$$

10. **Discutir y resolver el triángulo esférico oblicuángulo:**

a = 78° 53' 21"

b = 101° 06' 39"

A = 80° 15' 28"

$A < 90°;\ a + b = 180° \Rightarrow A + B = 180°;\ a < b \Rightarrow A < B \Rightarrow B > 90°$

Cálculo del ángulo B

$B = 180° - A \Rightarrow B = 99°\ 44'\ 32''$

$$\frac{1}{2}(b+a) = 90° \qquad \frac{1}{2}(B+A) = 90°$$

$$\frac{1}{2}(b-a) = 11°\ 06'\ 39'' \qquad \frac{1}{2}(B-A) = 9°\ 44'\ 32''$$

En este caso es imprescindible usar las analogías del seno

Cálculo del ángulo C

$$\operatorname{tg}\frac{1}{2}C = \frac{\operatorname{sen}\frac{1}{2}(b-a)}{\operatorname{tg}\frac{1}{2}(B-A).\operatorname{sen}\frac{1}{2}(b+a)} = \frac{0{,}19270}{0{,}17169.1} = 1{,}12236 \Rightarrow$$

$$\Rightarrow \frac{1}{2}C = 48°\ 17'\ 58'' \Rightarrow C = 96°\ 35'\ 57''$$

Cálculo del lado c

$$\operatorname{tg}\frac{1}{2}c = \frac{\operatorname{tg}\frac{1}{2}(b-a).\operatorname{sen}\frac{1}{2}(B+A)}{\operatorname{sen}\frac{1}{2}(B-A)} = \frac{0{,}19638.1}{0{,}16921} = 1{,}16053 \Rightarrow$$

$$\Rightarrow \frac{1}{2}c = 49°\ 14'\ 57'' \Rightarrow c = 98°\ 29'\ 55''$$

11. **Discutir y resolver el triángulo esférico oblicuángulo:**

b = 110° 52' 42"

a = 69° 07' 18"

B = 73° 21' 51"

$B < 90°$; $a + b = 180° \Rightarrow A + B = 180°$; $a < b \Rightarrow A < B \Rightarrow$ No hay solución.

12. **Discutir y resolver el triángulo esférico oblicuángulo:**

c = 143° 23' 52"

C = 25° 14' 32"

b = 62° 05' 50"

$C < 90°$; $b + c > 180° \Rightarrow B + C > 180°$; $c > b \Rightarrow C > B \Rightarrow$ No hay solución.

13. **Discutir y resolver el triángulo esférico oblicuángulo:**

c = 115° 11' 22"

b = 115° 11' 22"

C = 72° 14' 59"

$C < 90°$; $b + c > 180° \Rightarrow B + C > 180°$; $b = c \Rightarrow B = C \Rightarrow$ No hay solución.

14. **Discutir y resolver el triángulo esférico oblicuángulo:**

b = 143° 23' 52"

a = 62° 05' 50"

B = 25° 14' 32"

$B < 90°$; $a + b > 180° \Rightarrow A + \mathrm{B} > 180°$; $a < b \Rightarrow A < B \Rightarrow$ No hay solución.

15. **Discutir y resolver el triángulo esférico oblicuángulo:**

a = 51° 40' 13"

b = 99° 11' 41"

A = 120° 35' 40"

$A > 90°$; $a + b < 180° \Rightarrow A + B < 180°$; $a < b \Rightarrow A < B \Rightarrow$ No hay solución.

16. **Discutir y resolver el triángulo esférico oblicuángulo:**

a = 65° 23' 15"

b = 65° 23' 15"

A = 154° 14' 21"

$A > 90°$; $a + b < 180° \Rightarrow A + B < 180°$; $a = b \Rightarrow A = B \Rightarrow$ No hay solución.

17. **Discutir y resolver el triángulo esférico oblicuángulo:**

c = 110° 23' 15"

a = 42° 42' 42"

C = 115° 15' 16"

$C > 90°$; $a + c < 180° \Rightarrow A + C < 180°$; $a < c \Rightarrow A < C \Rightarrow A < 90°$

$$\operatorname{sen} A = \frac{\operatorname{sen} C . \operatorname{sen} a}{\operatorname{sen} c} = \frac{0{,}90442 . 0{,}67830}{0{,}93735} = 0{,}65446 \Rightarrow A = 40°\ 52'\ 44''$$

$$\frac{1}{2}(c + a) = 76°\ 32'\ 58'' \qquad \frac{1}{2}(C + A) = 78°\ 04'\ 00''$$

$$\frac{1}{2}(c - a) = 33°\ 50'\ 16'' \qquad \frac{1}{2}(C - A) = 37°\ 11'\ 16''$$

Cálculo del ángulo B

$$\operatorname{tg}\frac{1}{2}B=\frac{\cos\frac{1}{2}(c-a)}{\operatorname{tg}\frac{1}{2}(C+A).\cos\frac{1}{2}(c+a)}=\frac{0,83061}{4,73169.0,23260}=0,75469\Rightarrow$$

$$\Rightarrow\ \frac{1}{2}B=37°\ 02'\ 23''\Rightarrow\ B=74°\ 05'\ 00''$$

Cálculo del lado b

$$\operatorname{tg}\frac{1}{2}b=\frac{\operatorname{tg}\frac{1}{2}(c+a).\cos\frac{1}{2}(C+A)}{\cos\frac{1}{2}(C-A)}=\frac{4,18119.0,20677}{0,79665}=1,08522\Rightarrow$$

$$\Rightarrow\ \frac{1}{2}b=47°\ 20'\ 25''\Rightarrow\ b=94°\ 40'\ 51''$$

18. **Discutir y resolver el triángulo esférico oblicuángulo:**

c = 63° 23' 15"

b = 116° 36' 46"

C = 170° 41' 53"

$C > 90°$; $c + b = 180° \Rightarrow C + B = 180°$; $c < b \Rightarrow C < B \Rightarrow$ No hay solución

19. **Discutir y resolver el triángulo esférico oblicuángulo:**

a = 123° 14' 31"

b = 56° 45' 39"

A = 114° 44' 03"

$A > 90°$; $a + b = 180° \Rightarrow A + B = 180°$; $a > b \Rightarrow A > B \Rightarrow B < 90°$

Cálculo del ángulo B

$B = 180° - A \Rightarrow B = 65° 15' 57''$

$\frac{1}{2}(a+b) = 90°$ $\qquad$ $\frac{1}{2}(A+B) = 90°$

$\frac{1}{2}(a-b) = 33° 14' 31''$ $\qquad$ $\frac{1}{2}(A-B) = 24° 44' 03''$

Cálculo del ángulo C

$$\text{tg}\frac{1}{2}C = \frac{\text{sen}\frac{1}{2}(a-b)}{\text{tg}\frac{1}{2}(A-B).\text{sen}\frac{1}{2}(a+b)} = \frac{0{,}54817}{0{,}46067.1} = 1{,}18993 \Rightarrow$$

$$\Rightarrow \frac{1}{2}C = 49° 57' 25'' \Rightarrow C = 99° 54' 50''$$

Cálculo del lado c

$$\text{tg}\frac{1}{2}c = \frac{\text{tg}\frac{1}{2}(a-b).\text{sen}\frac{1}{2}(A+B)}{\text{sen}\frac{1}{2}(A-B)} = \frac{0{,}65542.1}{0{,}41840} = 1{,}56645 \Rightarrow$$

$$\Rightarrow \frac{1}{2}c = 57° 26' 47'' \Rightarrow c = 114° 53' 35''$$

20. **Discutir y resolver el triángulo esférico oblicuángulo:**

$a = 100° 41' 04''$

$b = 115° 20' 32''$

$A = 124° 23' 42''$

$A > 90°;\ a + b > 180° \Rightarrow A + B > 180°;\ a < b \Rightarrow A < B \Rightarrow B > 90°$

Cálculo del ángulo B

$$\operatorname{sen} B = \frac{\operatorname{sen} A . \operatorname{sen} b}{\operatorname{sen} a} = \frac{0{,}82516 . 0{,}90376}{0{,}98266} = 0{,}75890 \Rightarrow B = 130° \ 37' \ 56''$$

$$\frac{1}{2}(b+a) = 108° \ 00' \ 48'' \qquad \frac{1}{2}(B+A) = 127° \ 30' \ 49''$$

$$\frac{1}{2}(b-a) = 7° \ 19' \ 44'' \qquad \frac{1}{2}(B-A) = 3° \ 07' \ 07''$$

Cálculo del ángulo C

$$\operatorname{tg}\frac{1}{2}C = \frac{\cos\frac{1}{2}(b-a)}{\operatorname{tg}\frac{1}{2}(B+A).\cos\frac{1}{2}(b+a)} = \frac{0{,}99183}{(-1{,}30258).(-0{,}30923)} = 2{,}46253 \Rightarrow$$

$$\Rightarrow \frac{1}{2}C = 67° \ 53' \ 50'' \Rightarrow C = 135° \ 47' \ 39''$$

Cálculo del lado c

$$\operatorname{tg}\frac{1}{2}c = \frac{\operatorname{tg}\frac{1}{2}(b+a).\cos\frac{1}{2}(B+A)}{\cos\frac{1}{2}(B-A)} = \frac{(-3{,}07524).(-0{,}60894)}{0{,}99851} = 1{,}87543 \Rightarrow$$

$$\Rightarrow \frac{1}{2}c = 61° \ 55' \ 58'' \Rightarrow c = 123° \ 51' \ 57''$$

21. **Discutir y resolver el triángulo esférico oblicuángulo:**

$a = 101° \ 23' \ 42''$

$b = 101° \ 23' \ 42''$

$A = 142° \ 41' \ 07''$

$A > 90°$; $a + b > 180° \Rightarrow A + B > 180°$; $a = b \Rightarrow A = B \Rightarrow B > 90° \Rightarrow$

$\Rightarrow B = 142° \ 41' \ 07''$

$$\frac{1}{2}(a+b) = 101° \ 23' \ 42'' \qquad \frac{1}{2}(B+A) = 142° \ 41' \ 07''$$

$$\frac{1}{2}(a-b) = 0° \qquad \frac{1}{2}(A-B) = 0°$$

Cálculo del ángulo C

$$\operatorname{tg}\frac{1}{2}C = \frac{\cos\frac{1}{2}(a-b)}{\operatorname{tg}\frac{1}{2}(A+B).\cos\frac{1}{2}(a+b)} = \frac{1}{(-0{,}76220).(-0{,}19757)} = 6{,}64058 \Rightarrow$$

$$\Rightarrow \frac{1}{2}C = 81° \ 26' \ 10'' \Rightarrow C = 162° \ 52' \ 20''$$

Cálculo del lado c

$$\operatorname{tg}\frac{1}{2}c = \frac{\operatorname{tg}\frac{1}{2}(a+b).\cos\frac{1}{2}(A+B)}{\cos\frac{1}{2}(A-B)} = \frac{(-4{,}96168).(-0{,}79531)}{1} = 3{,}94611 \Rightarrow$$

$$\Rightarrow \frac{1}{2}c = 75° \ 46' \ 47'' \Rightarrow c = 151° \ 33' \ 34''$$

22. **Discutir y resolver el triángulo esférico oblicuángulo:**

a = 123° 14' 04"

b = 98° 14' 12"

A = 171° 12' 41"

$$A > 90°;\ a + b > 180° \Rightarrow A + B > 180°;\ a > b \Rightarrow A > B \Rightarrow \begin{matrix} B_1 < 90° \\ B_2 > 90° \end{matrix}$$

Cálculo del ángulo B

$$\operatorname{sen} B = \frac{\operatorname{sen} A.\operatorname{sen} b}{\operatorname{sen} a} = \frac{0{,}15278.0{,}98968}{0{,}83643} = 0{,}18077 \Rightarrow \begin{matrix} B_1 = 10° \ 24' \ 53'' \\ B_2 = 169° \ 35' \ 07'' \end{matrix}$$

$$\frac{1}{2}(a+b)=110° \; 44' \; 08'' \qquad \frac{1}{2}(A+B_1)=90° \; 48' \; 47''$$

$$\frac{1}{2}(a-b)=12° \; 29' \; 56'' \qquad \frac{1}{2}(A-B_1)=80° \; 23' \; 54''$$

Primera solución

Como $\frac{1}{2}(A+B_1)$ está muy cerca de los 90°, se va a utilizar la analogía del seno

Cálculo del ángulo C_1

$$\operatorname{tg}\frac{1}{2}C_1=\frac{\operatorname{sen}\frac{1}{2}(a-b)}{\operatorname{tg}\frac{1}{2}(A-B_1).\operatorname{sen}\frac{1}{2}(a+b)}=\frac{0{,}21642}{0{,}93522.5{,}91130}=0{,}03914\Rightarrow$$

$$\Rightarrow\frac{1}{2}C_1=2° \; 14' \; 30'' \Rightarrow C_1=4° \; 29' \; 01''$$

Cálculo del lado c_1

$$\operatorname{tg}\frac{1}{2}c_1=\frac{\operatorname{tg}\frac{1}{2}(a-b).\operatorname{sen}\frac{1}{2}(A+B_1)}{\operatorname{sen}\frac{1}{2}(A-B_1)}=\frac{0{,}22167.0{,}99599}{0{,}98599}=0{,}22167\Rightarrow$$

$$\Rightarrow\frac{1}{2}c_1=12° \; 29' \; 55'' \Rightarrow c_1=24° \; 59' \; 50''$$

Segunda solución

$$\frac{1}{2}(A+B_2)=170° \; 23' \; 54'' \qquad \frac{1}{2}(A-B_2)=0° \; 48' \; 47''$$

Como $\frac{1}{2}(A-B_2)$ está muy cerca de 0°, se van a utilizar las analogías del coseno

Cálculo del ángulo C_2

$$\operatorname{tg}\frac{1}{2}C_2 = \frac{\cos\frac{1}{2}(a-b)}{\operatorname{tg}\frac{1}{2}(A+B_2).\cos\frac{1}{2}(a+b)} = \frac{0{,}97630}{(-0{,}16916).(-0{,}35405)} = 16{,}30101 \Rightarrow$$

$$\Rightarrow \frac{1}{2}C_2 = 86°\ 29'\ 22'' \Rightarrow C_2 = 152°\ 58'\ 44''$$

Cálculo del lado c_2

$$\operatorname{tg}\frac{1}{2}c_2 = \frac{\operatorname{tg}\frac{1}{2}(a+b).\cos\frac{1}{2}(A+B_2)}{\cos\frac{1}{2}(A-B_2)} = \frac{(-2{,}64146).(-0{,}98599)}{0{,}99989} = 2{,}60471 \Rightarrow$$

$$\Rightarrow \frac{1}{2}c_2 = 68°\ 59'\ 50'' \Rightarrow c_2 = 137°\ 59'\ 40''$$

23. **Discutir y resolver el triángulo esférico oblicuángulo:**

$A = 73°\ 14'\ 35''$

$B = 100°\ 43'\ 46''$

$a = 43°\ 15'\ 12''$

$$a < 90°;\ A + B < 180° \Rightarrow a + b < 180°;\ A < B \Rightarrow a < b \Rightarrow \begin{matrix} b_1 < 90° \\ b_2 > 90° \end{matrix}$$

Cálculo del lado b

$$\text{sen b} = \frac{\operatorname{sen} a.\operatorname{sen} B}{\operatorname{sen} A} = \frac{0{,}68522.0{,}98251}{0{,}95753} = 0{,}70309 \Rightarrow \begin{matrix} b_1 = 44°\ 40'\ 31'' \\ b_2 = 135°\ 19'\ 28'' \end{matrix}$$

$$\frac{1}{2}(b_1 + a) = 43°\ 57'\ 51'' \qquad \frac{1}{2}(B + A) = 86°\ 59'\ 10''$$

$$\frac{1}{2}(b_1 - a) = 0°\ 42'\ 39'' \qquad \frac{1}{2}(B - A) = 13°\ 44'\ 35''$$

Primera solución

Cálculo del ángulo C_1

$$\operatorname{tg}\frac{1}{2}C_1 = \frac{\cos\frac{1}{2}(b_1 - a)}{\operatorname{tg}\frac{1}{2}(B + A).\cos\frac{1}{2}(b_1 + a)} = \frac{0{,}99992}{18{,}99304.0{,}71977} = 0{,}07314 \Rightarrow$$

$$\Rightarrow \frac{1}{2}C_1 = 4°\ 11'\ 00'' \Rightarrow C_1 = 8°\ 22'\ 00''$$

Cálculo del lado c_1

$$\operatorname{tg}\frac{1}{2}c_1 = \frac{\operatorname{tg}\frac{1}{2}(b_1 + a).\cos\frac{1}{2}(B + A)}{\cos\frac{1}{2}(B - A)} = \frac{0{,}96448.0{,}05257}{0{,}97137} = 0{,}05219 \Rightarrow$$

$$\Rightarrow \frac{1}{2}c_1 = 2°\ 59'\ 16'' \Rightarrow c_1 = 5°\ 58'\ 33''$$

Segunda solución

$$\frac{1}{2}(b_2 + a) = 89°\ 17'\ 20'' \qquad \frac{1}{2}(b_2 - a) = 46°\ 02'\ 08''$$

Cálculo del ángulo C_2

$$\operatorname{tg}\frac{1}{2}C_2 = \frac{\cos\frac{1}{2}(b_2 - a)}{\operatorname{tg}\frac{1}{2}(B + A).\cos\frac{1}{2}(b_2 + a)} = \frac{0{,}69421}{18{,}99304.0{,}01241} = 2{,}94526 \Rightarrow$$

$$\Rightarrow \frac{1}{2}C_2 = 71°\ 14'\ 46'' \Rightarrow C_2 = 142°\ 29'\ 33''$$

Cálculo del lado c_2

$$\operatorname{tg}\frac{1}{2}c_2=\frac{\operatorname{tg}\frac{1}{2}(b_2+a).\cos\frac{1}{2}(B+A)}{\cos\frac{1}{2}(B-A)}=\frac{80{,}56805.0{,}05257}{0{,}97037}=4{,}36029\Rightarrow$$

$$\Rightarrow\frac{1}{2}c_2=77°\ 04'\ 58''\Rightarrow c_2=154°\ 09'\ 57''$$

24. **Discutir y resolver el triángulo esférico oblicuángulo:**

$A = 62°\ 15'\ 42''$

$B = 62°\ 15'\ 42''$

$a = 21°\ 14'\ 02''$

$a<90°;\ A+B<180°\Rightarrow a+b<180°;\ A=B\Rightarrow a=b\Rightarrow b<90°\Rightarrow\ b=21°\ 14'\ 02''$

$$\frac{1}{2}(a+b)=21°\ 14'\ 02'' \qquad \frac{1}{2}(A+B)=62°\ 15'\ 42''$$

$$\frac{1}{2}(a-b)=0° \qquad \frac{1}{2}(A-B)=0°$$

Cálculo del ángulo C

$$\operatorname{tg}\frac{1}{2}C=\frac{\cos\frac{1}{2}(a-b)}{\operatorname{tg}\frac{1}{2}(A+B).\cos\frac{1}{2}(a+b)}=\frac{1}{1{,}90162.0{,}93210}=0{,}56417\Rightarrow$$

$$\Rightarrow\frac{1}{2}C=29°\ 25'\ 49''\Rightarrow C=58°\ 51'\ 39''$$

Cálculo del lado c

$$\operatorname{tg}\frac{1}{2}c = \frac{\operatorname{tg}\frac{1}{2}(a+b).\cos\frac{1}{2}(A+B)}{\cos\frac{1}{2}(A-B)} = \frac{0{,}38855.0{,}46543}{1} = 0{,}18084 \Rightarrow$$

$$\Rightarrow \frac{1}{2}c = 10°\ 15'\ 03'' \Rightarrow c = 20°\ 30'\ 06''$$

25. **Discutir y resolver el triángulo esférico oblicuángulo:**

$a = 48°\ 23'\ 13''$

$A = 79°\ 17'\ 14''$

$B = 33°\ 15'\ 48''$

$a < 90°$; $A + B < 180° \Rightarrow a + b < 180°$; $A > B \Rightarrow a > b \Rightarrow b < 90°$

Cálculo del lado b

$$\operatorname{sen} b = \frac{\operatorname{sen} a.\operatorname{sen} B}{\operatorname{sen} A} = \frac{0{,}74764.0{,}54848}{0{,}98257} = 0{,}41733 \Rightarrow b = 24°\ 40'\ 00''$$

$\frac{1}{2}(A+B) = 56°\ 16'\ 31''$ $\qquad$ $\frac{1}{2}(a+b) = 36°\ 31'\ 36''$

$\frac{1}{2}(A-B) = 23°\ 00'\ 43''$ $\qquad$ $\frac{1}{2}(a-b) = 11°\ 51'\ 36''$

Cálculo del ángulo C

$$\operatorname{tg}\frac{1}{2}C = \frac{\cos\frac{1}{2}(a-b)}{\operatorname{tg}\frac{1}{2}(A+B).\cos\frac{1}{2}(a+b)} = \frac{0{,}97865}{1{,}49803.0{,}80357} = 0{,}81298 \Rightarrow$$

$$\Rightarrow \frac{1}{2}C = 39°\ 06'\ 38'' \Rightarrow C = 78°\ 13'\ 16''$$

Cálculo del lado c

$$\operatorname{tg}\frac{1}{2}c = \frac{\operatorname{tg}\frac{1}{2}(a+b).\cos\frac{1}{2}(A+B)}{\cos\frac{1}{2}(A-B)} = \frac{0{,}74068.0{,}55520}{0{,}92042} = 0{,}44677 \Rightarrow$$

$$\Rightarrow \frac{1}{2}c = 24°\ 04'\ 26'' \Rightarrow c = 48°\ 08'\ 53''$$

25. **Discutir y resolver el triángulo esférico oblicuángulo:**

a = 129° 42' 05"

B = 70° 53' 11"

A = 109° 06' 49"

$a > 90°$; $A + B = 180° \Rightarrow a + b = 180°$; $A > B \Rightarrow a > b \Rightarrow b < 90°$

Cálculo del lado b

$b = 180° - a \Rightarrow b = 50°\ 17'\ 55''$

$\frac{1}{2}(a+b) = 90°$ $\qquad$ $\frac{1}{2}(A+B) = 90°$

$\frac{1}{2}(a-b) = 59°\ 42'\ 05''$ $\qquad$ $\frac{1}{2}(A-B) = 19°\ 06'\ 49''$

Cálculo del ángulo C

$$\operatorname{tg}\frac{1}{2}C = \frac{\operatorname{sen}\frac{1}{2}(a-b)}{\operatorname{tg}\frac{1}{2}(A-B).\operatorname{sen}\frac{1}{2}(a+b)} = \frac{0{,}86340}{0{,}34654.1} = 2{,}49148 \Rightarrow$$

$$\Rightarrow \frac{1}{2}C = 68°\ 07'\ 52'' \Rightarrow C = 136°\ 15'\ 44''$$

Cálculo del lado c

$$\operatorname{tg}\frac{1}{2}c=\frac{\operatorname{tg}\frac{1}{2}(a-b).\operatorname{sen}\frac{1}{2}(A+B)}{\operatorname{sen}\frac{1}{2}(A-B)}=\frac{1{,}71139.1}{0{,}32744}=5{,}22657\Rightarrow$$

$$\Rightarrow\frac{1}{2}c=79°\ 10'\ 06''\Rightarrow c=158°\ 20'\ 13''$$

26. **Resolver por el método del perpendículo, trazando *p* desde *B* y desde *C*:**

b = 51° 08'

c = 49° 27'

A = 118° 42'

a) *Perpendículo desde B*

$A > 90°$, por lo que p debe estar fuera del triángulo esférico inicial

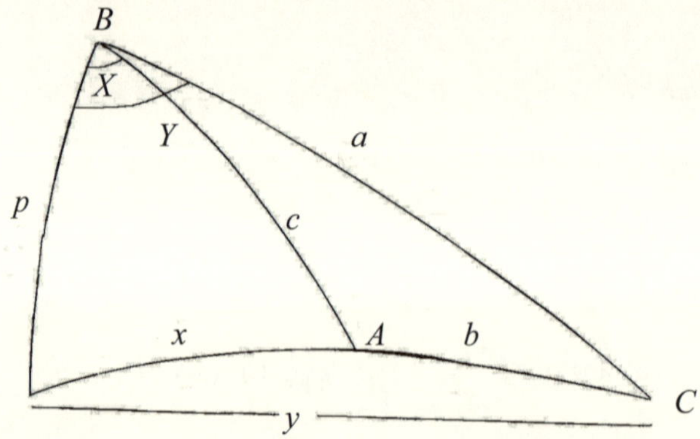

Pentágono I

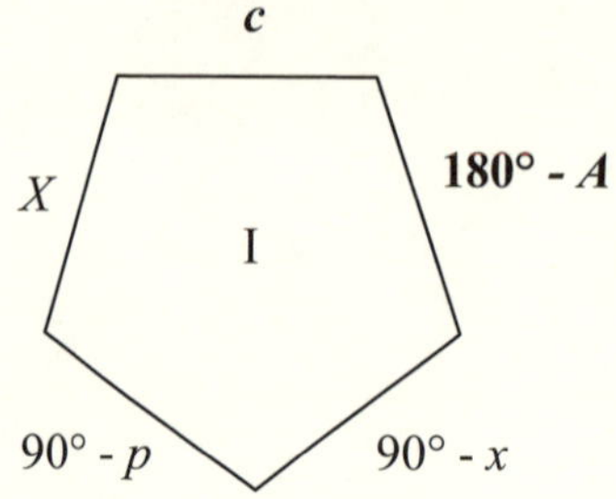

Pentágono II

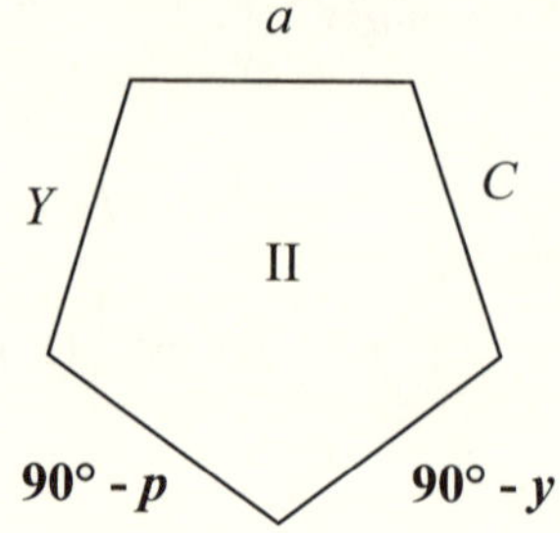

Triángulo rectángulo I

Cálculo del ángulo X:

$$\cos c = \text{ctg}\, X \,.\, \text{ctg}\,(180°- A) = -\frac{1}{\text{tg}\, X \,.\, \text{tg}\, A} \Rightarrow$$

$$\Rightarrow \text{tg}\, X = -\frac{1}{\cos c . \text{tg}\, A} = -\frac{1}{0{,}65011.(-1{,}82653)} = 0{,}84214 \Rightarrow \mathbf{X = 40° \ 06' \ 08''}$$

Cálculo del perpendículo p:

$$\cos (90°- p) = \text{sen}\, c.\ \text{sen}\,(180°- A) \Rightarrow$$

$$\Rightarrow \ \text{sen}\, p = \text{sen}\, c.\ \text{sen}\, A = 0{,}75983 \ . \ 0{,}87714 = 0{,}66647 \Rightarrow \mathbf{p = 41° \ 47' \ 42''}$$

Cálculo del lado x:

$$\cos (180°- A) = \text{ctg}\, c.\text{ctg}\,(90°- x) \Rightarrow - \cos A = \frac{\text{tg}\, x}{\text{tg}\, c} \Rightarrow$$

$$\Rightarrow \text{tg}\, x = -\cos A . \text{tg}\, c = - (-0{,}48002) \ . \ 1{,}16878 = 0{,}56103 \Rightarrow \mathbf{x = 29° \ 17' \ 38''}$$

Triángulo rectángulo II

$$b + x = \mathbf{y = 80° \ 25' \ 38''}$$

Cálculo del lado a:

$$\cos a = \text{sen}\,(90°- p).\ \text{sen}\,(90°- y) = \cos p\ .\cos y =$$

$$= 0{,}74553 \ . \ 0{,}16630 = 0{,}12398 \Rightarrow \ a = 82° \ 52' \ 41''$$

Cálculo del ángulo Y:

$$\cos (90°- p) = \text{ctg}\, Y \,.\, \text{ctg}\,(90°- y) \Rightarrow$$

$$\Rightarrow \ \text{tg}\, Y = \frac{\text{tg}\, y}{\text{sen}\, p} = \frac{5{,}92948}{0{,}66646} = 8{,}89697 \Rightarrow \mathbf{Y = 83° \ 35' \ 13''}$$

Cálculo del ángulo C:

$$\cos(90° - y) = \text{ctg}\, C\,.\text{ctg}\,(90° - p) \Rightarrow \text{tg}\, C = \frac{\text{tg}\, p}{\text{sen}\, y} = \frac{0{,}89394}{0{,}98607} = 0{,}90656 \Rightarrow$$

$$\Rightarrow \; C = 42°\ 11'\ 40''$$

$$Y - X = B = 43°\ 29'\ 05''$$

b) *Perpendículo desde C*

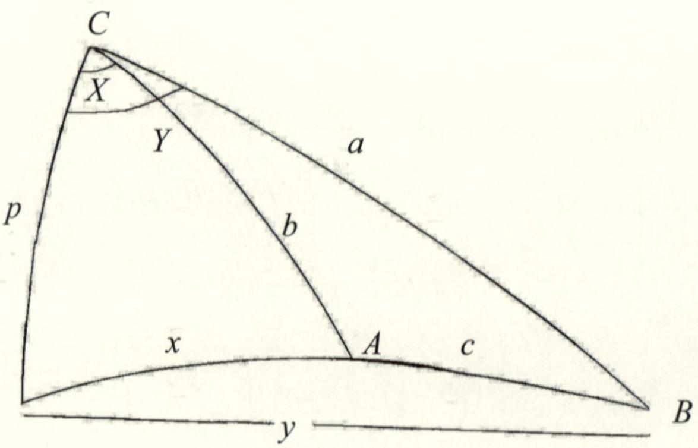

Pentágono I

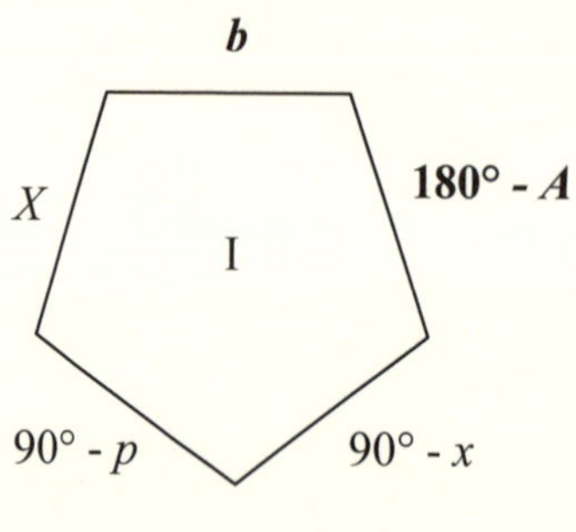

Pentágono II

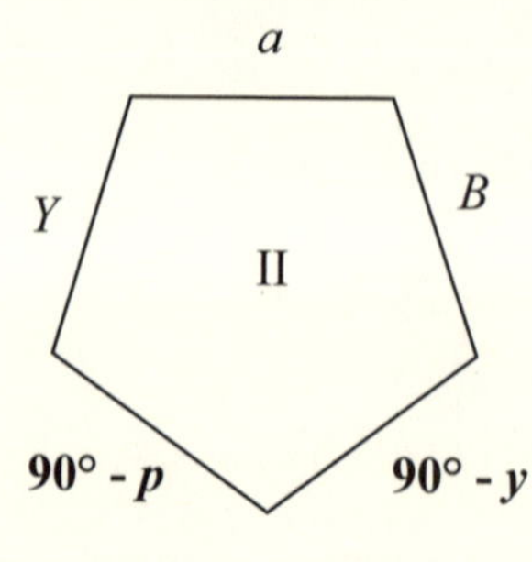

Triángulo rectángulo I

Cálculo del ángulo X:

$$\cos b = \text{ctg}\, X\,.\,\text{ctg}\,(180° - A) = -\frac{1}{\text{tg}\, X\,.\,\text{tg}\, A} \Rightarrow$$

$$\Rightarrow \text{tg}\, X = -\frac{1}{\cos b\,.\,\text{tg}\, A} = -\frac{1}{0{,}62751.(-1{,}82653)} = 0{,}87247 \Rightarrow \mathbf{X = 41°\ 06'\ 14''}$$

Cálculo del perpendículo p:

$\cos(90° - p) = \text{sen } b . \text{ sen }(180° - A) \Rightarrow$

$\Rightarrow \text{ sen } p = \text{sen } b . \text{ sen } A = 0{,}77860 \;.\; 0{,}87714 = 0{,}68249 \Rightarrow$ **p = 43° 04' 26"**

Cálculo del lado x:

$$\cos(180° - A) = \text{ctg } b . \text{ctg }(90° - x) \Rightarrow -\cos A = \frac{\text{tg } x}{\text{tg } b} \Rightarrow$$

$\Rightarrow \text{tg } x = -\cos A . \text{tg } b = -(-0{,}48002) \;.\; 1{,}24078 = 0{,}59584 \Rightarrow$ **x = 30° 47' 18"**

Triángulo rectángulo II

$c + x =$ ***y*** **= 80° 14' 18"**

Cálculo del lado a:

$\cos a = \text{sen }(90° - p) . \text{ sen }(90° - y) = \cos p . \cos y =$

$= 0{,}73047 \;.\; 0{,}16954 = 0{,}12384 \Rightarrow a = 82° \; 53' \; 10''$

Cálculo del ángulo Y:

$\cos(90° - p) = \text{ctg } Y . \text{ ctg }(90° - y) \Rightarrow$

$$\Rightarrow \text{tg } Y = \frac{\text{tg } y}{\text{sen } p} = \frac{5{,}81266}{0{,}68249} = 8{,}51123 \Rightarrow$$ ***Y*** **= 83° 17' 56"**

Cálculo del ángulo B:

$$\cos(90° - y) = \text{ctg } B . \text{ctg }(90° - p) \Rightarrow \text{tg } B = \frac{\text{tg } p}{\text{sen } y} = \frac{0{,}93492}{0{,}98552} = 0{,}94865 \Rightarrow$$

$\Rightarrow B = 43° \; 29' \; 26''$

$Y - X = C = 42° \; 11' \; 42''$

27. **Resolver por el método del perpendículo:**

***b* = 76° 40'**

***B* = 70° 25'**

***A* = 118° 37'**

Discusión:

$b < 90°;\ A + B > 180° \Rightarrow a + b > 180°; A > B \Rightarrow a > b \Rightarrow a > 90°$

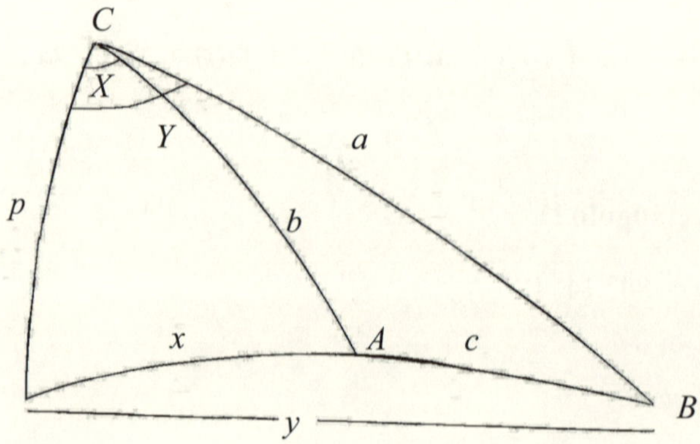

Pentágono I

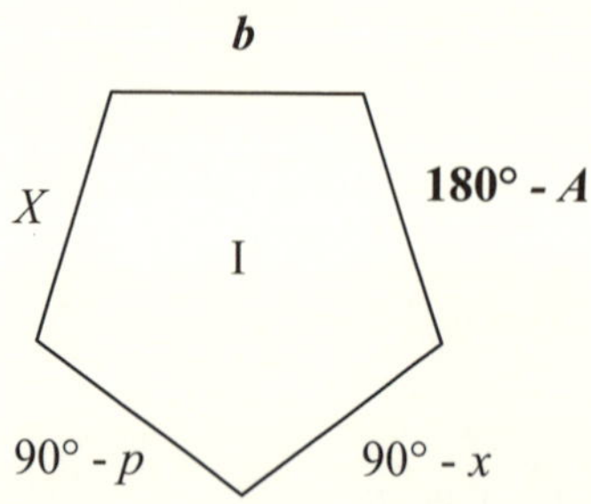

Pentágono II

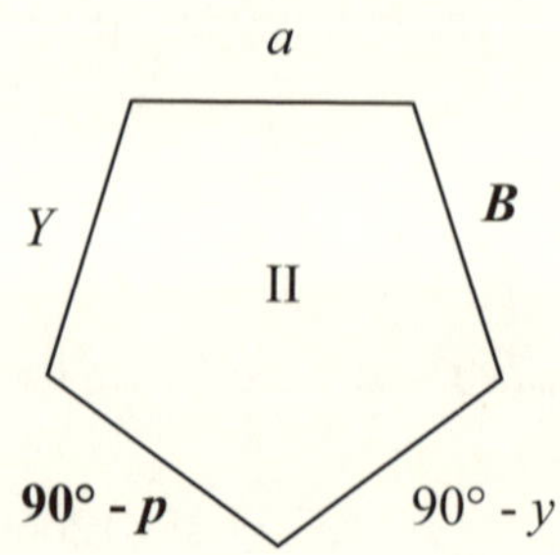

Triángulo rectángulo I

Cálculo del ángulo X:

$$\cos b = \text{ctg } X \,.\, \text{ctg } (180° - A) = -\frac{1}{\text{tg } X \,.\, \text{tg } A} \Rightarrow$$

$$\Rightarrow \text{tg } X = -\frac{1}{\cos b \,.\, \text{tg } A} = -\frac{1}{0{,}23061.(-1{,}83286)} = 2{,}36587 \Rightarrow \mathbf{X = 67°\ 05'\ 14''}$$

Cálculo del perpendículo p:

$\cos(90° - p) = \text{sen}\, b\, .\text{sen}\,(180° - A) \Rightarrow$

$\Rightarrow\ \text{sen}\, p = \text{sen}\, b\, .\text{sen}\, A = 0{,}97304\ .\ 0{,}87784 = 0{,}85417 \Rightarrow$ **p = 58° 40' 07"**

Cálculo del lado x:

$\cos(180° - A) = \text{ctg}\, b\ .\ \text{ctg}\,(90° - x) \Rightarrow -\cos A = \dfrac{\text{tg}\, x}{\text{tg}\, b} \Rightarrow$

$\Rightarrow \text{tg}\, x = -\cos A . \text{tg}\, b = -\,(-0{,}47894)\ .\ 4{,}21933 = 2{,}02080 \Rightarrow$ **x = 63° 40' 17"**

Triángulo rectángulo II

En la discusión ha resultado que en el triángulo rectángulo II, la hipotenusa es $a > 90°$, por lo que los catetos, y como consecuencia los ángulos, deben ser de distinta especie. $B < 90° \Rightarrow\ \ Y > 90° \Rightarrow y > 90°$.

Cálculo del lado a:

$\cos(90° - p) = \text{sen}\, a\, .\text{sen}\, B \Rightarrow \text{sen}\, p = \text{sen}\, a\, .\text{sen}\, B \Rightarrow$

$\Rightarrow \text{sen}\, a = \dfrac{\text{sen}\, p}{\text{sen}\, B} = \dfrac{0{,}85471}{0{,}94215} = 0{,}90719 \Rightarrow\ a = 114°\ 52'\ 48''$

Cálculo del ángulo Y:

$\cos B = \text{sen}\, Y\, \text{sen}\,(90° - p) = \text{sen}\, Y\ \cos p \Rightarrow$

$\Rightarrow\ \text{sen}\, Y = \dfrac{\cos B}{\cos p} = \dfrac{0{,}33517}{0{,}51998} = 0{,}64458 \Rightarrow$ ***Y* = 139° 51' 56"**

Cálculo del lado y:

$\cos(90° - y) = \text{ctg}\, B\ .\text{ctg}\,(90° - p) \Rightarrow \text{sen}\, y = \dfrac{\text{tg}\, p}{\text{tg}\, B} = \dfrac{1{,}64267}{2{,}81091} = 0{,}58439 \Rightarrow$

$\Rightarrow$ ***y* = 144° 14' 24"**

$Y - X = \ C = 72°\ 46'\ 42''$

$y - x = \ c = 80°\ 34'\ 07''$

28. **Resolver por el método del perpendículo:**

$A = 63° \ 27'$

$B = 75° \ 09'$

$c = 112° \ 06'$

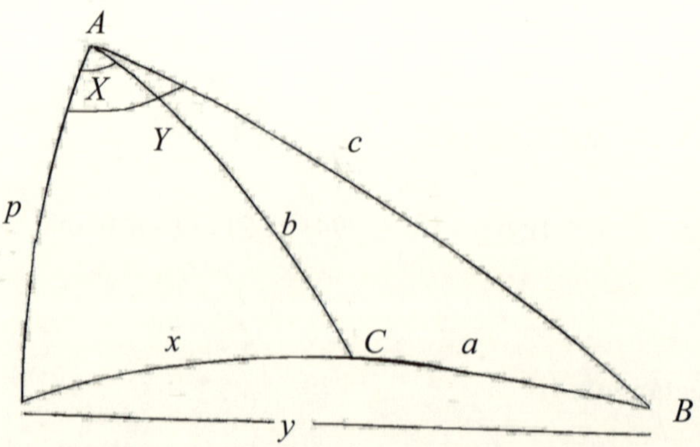

Pentágono I

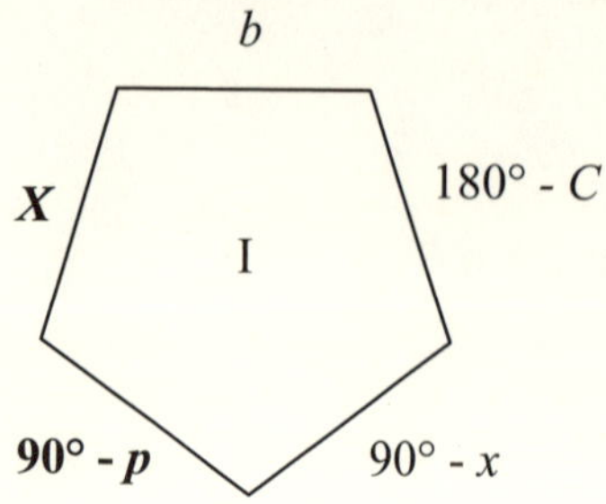

Pentágono II

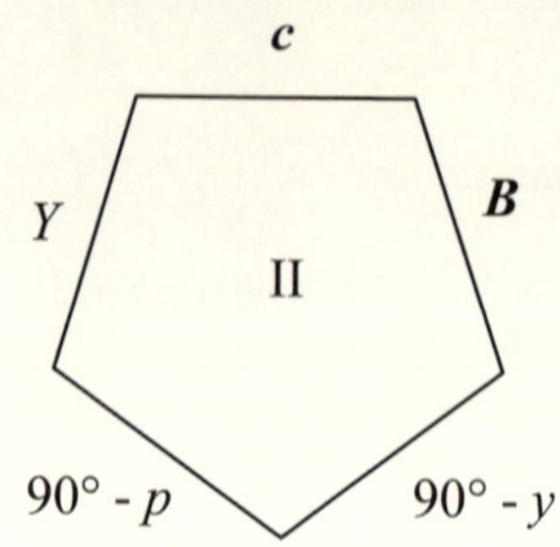

Triángulo rectángulo II

Cálculo del ángulo Y:

$$\cos c = \text{ctg}\, Y \,.\, \text{ctg}\, B = \frac{1}{\text{tg}\, Y \,.\, \text{tg}\, B} \Rightarrow$$

$$\Rightarrow \text{tg}\, Y = \frac{1}{\cos c \,.\, \text{tg}\, B} = \frac{1}{(-0{,}37622).3{,}77151} = -0{,}70476 \Rightarrow \mathbf{Y = 144° \ 49' \ 31''}$$

Cálculo del perpendículo p:

$$\cos (90° - p) = \text{sen}\, c \,.\, \text{sen}\, B \Rightarrow$$

$$\Rightarrow \text{sen}\, p = \text{sen}\, c \,.\, \text{sen}\, B = 0{,}92652 \,.\, 0{,}96660 = 0{,}89557 \Rightarrow \mathbf{p = 63° \ 34' \ 56''}$$

Cálculo del lado y:

$$\cos B = \text{ctg}\, c \,.\, \text{ctg}\,(90° - y) = \frac{\text{tg}\, y}{\text{tg}\, c} \Rightarrow$$

$$\Rightarrow \text{tg}\, y = \cos B . \text{tg}\, c = 0{,}25628 \,.\, (-2{,}46270) = -0{,}63114 \Rightarrow \boldsymbol{y = 147° \; 44' \; 32''}$$

Triángulo rectángulo I

$Y - A = \boldsymbol{X = 81° \; 22' \; 31''}$

Cálculo del lado b:

$$\cos X = \text{ctg}\, b \,.\, \text{ctg}\,(90° - p) = \frac{tg\, p}{tg\, b} \Rightarrow$$

$$\Rightarrow \text{tg}\, b = \frac{\text{tg}\, p}{\cos X} = \frac{2{,}01291}{0{,}14996} = 13{,}42297 \Rightarrow b = 85° \; 44' \; 21''$$

Cálculo del ángulo C:

$$\cos (180° - C) = \text{sen}\, X \,.\, \text{sen}\,(90° - p) \Rightarrow -\cos C = \text{sen}\, X \,.\, \cos p \Rightarrow$$

$$\Rightarrow \cos C = -\,\text{sen}\, X \,.\, \cos p = -0{,}98869 \,.\, 0{,}44491 = -0{,}43987 \Rightarrow C = 116° \; 05' \; 45''$$

Cálculo del lado x:

$$\cos (90° - p) = \text{ctg}\, X \,.\, \text{ctg}\,(90° - x) \Rightarrow \text{sen}\, p = \frac{\text{tg}\, x}{\text{tg}\, X} \Rightarrow$$

$$\Rightarrow \text{tg}\, x = \text{sen}\, p \,.\, \text{tg}\, X = 0{,}89557 \,.\, 6{,}59295 = 5{,}90444 \Rightarrow \boldsymbol{x = 80° \; 23' \; 14''}$$

$y - x = a = 67° \; 21' \; 18''$

29. **Resolver por el método del perpendículo:**

a = 112° 37'

b = 70° 32'

C = 110° 04'

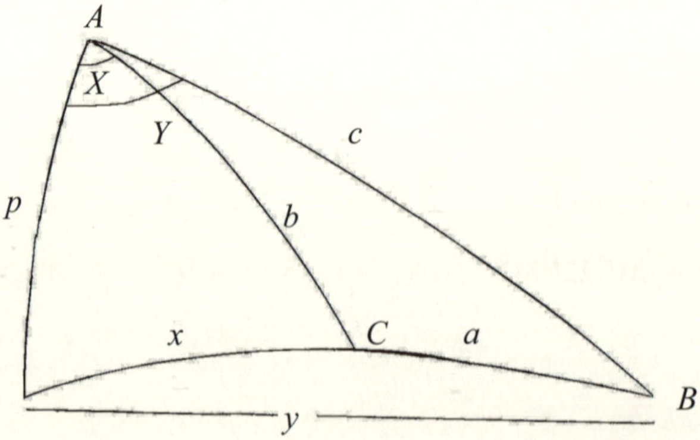

Pentágono I   Pentágono II

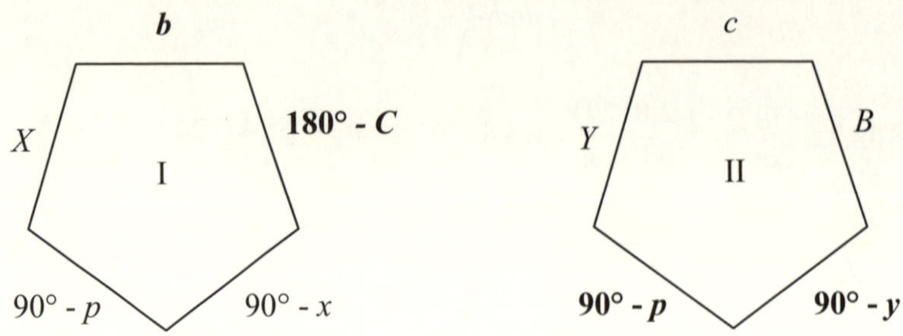

Triángulo rectángulo I

Cálculo del ángulo X:

$$\cos b = \operatorname{ctg} X \,.\, \operatorname{ctg}(180° - B) = -\frac{1}{\operatorname{tg} X \,.\, \operatorname{tg} B} \Rightarrow$$

$$\Rightarrow \operatorname{tg} X = -\frac{1}{\cos b . \operatorname{tg} C} = -\frac{1}{0{,}33325.(-2{,}73756)} = 1{,}09614 \Rightarrow \mathbf{X = 47° \ 37' \ 33''}$$

Cálculo del perpendículo p:

$$\cos(90° - p) = \operatorname{sen} b \,.\, \operatorname{sen}(180° - C) \Rightarrow$$

$$\Rightarrow \operatorname{sen} p = \operatorname{sen} b \,.\, \operatorname{sen} C = 0{,}94238 \,.\, 0{,}93929 = 0{,}88559 \Rightarrow \mathbf{p = 62° \ 19' \ 27''}$$

Cálculo del lado x:

$$\cos(180° - C) = \text{ctg b} \cdot \text{ctg}(90° - x) \Rightarrow -\cos C = \frac{\text{tg}\, x}{\text{tg}\, b} \Rightarrow$$

$$\Rightarrow tg\, x = -\cos C . tg\, b = - (-0{,}34311) \cdot 2{,}82914 = 0{,}97070 \Rightarrow \boldsymbol{x = 44° \; 08' \; 54''}$$

Triángulo rectángulo II

$x + a = \boldsymbol{y} =$ **156° 45' 54"**

Cálculo del lado c:

$$\cos c = \text{sen}\ (90° - y) \cdot \text{sen}\ (90° - p) = \cos y \cdot \cos p = (-0{,}91889) \cdot 0{,}46446 =$$

$$= -0{,}42678 \Rightarrow c = 115° \; 15' \; 49''$$

Cálculo del ángulo B:

$$\cos(90° - y) = \text{ctg}\, B \cdot \text{ctg}\,(90° - p) \Rightarrow \text{sen}\, y = \frac{\text{tg}\, p}{\text{tg}\, B} \Rightarrow$$

$$\Rightarrow \text{tg}\, B = \frac{\text{tg}\, p}{\text{sen}\, y} = \frac{1{,}90667}{0{,}39450} = 4{,}83313 \Rightarrow B = 78° \; 18' \; 36''$$

Cálculo del ángulo Y:

$$\cos(90° - p) = \text{ctg}\,(90° - y) \cdot \text{ctg}\, Y = \frac{\text{tg}\, y}{\text{tg}\, Y} \Rightarrow \text{tg}\, Y = \frac{\text{tg}\, y}{\text{sen}\, p} = \frac{-0{,}42932}{0{,}88558} =$$

$$= -0{,}48478 \Rightarrow \boldsymbol{Y = 154° \; 08' \; 11''}$$

$$Y - X = A = 106° \; 30' \; 38''$$

30. **Resolver por el método del perpendículo:**

***a* = 58° 43'**

***c* = 78° 29'**

***A* = 40° 12'**

$$A < 90°;\ a + c < 180° \Rightarrow A + C < 180°;\ a < c \Rightarrow A < C \Rightarrow \begin{matrix} C_1 < 90° \\ C_2 > 90° \end{matrix}$$

Primera solución $C_1 < 90°$

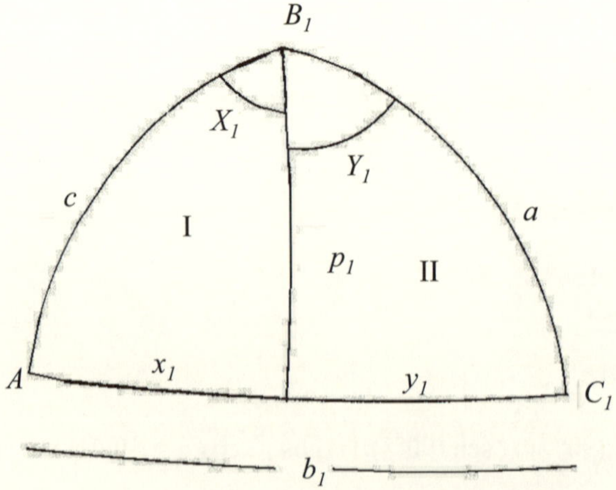

Pentágono I

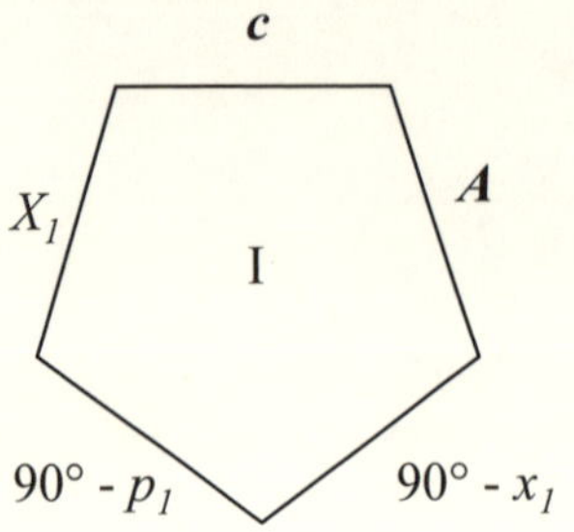

Pentágono II

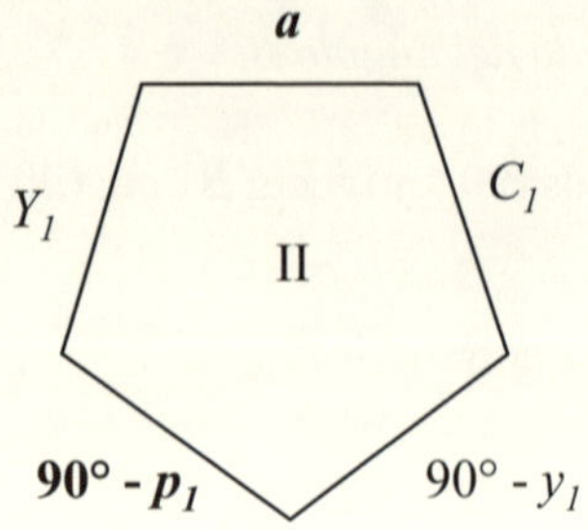

Triángulo rectángulo I

Cálculo del ángulo X_1:

$$\cos c = \text{ctg } A \,.\, \text{ctg } X_1 = \frac{1}{\text{tg } A \,.\, \text{tg } X_1} \Rightarrow$$

$$\Rightarrow \text{tg } X_1 = \frac{1}{\cos c \,.\, \text{tg } A} = \frac{1}{0{,}19965 \,.\, 0{,}84506} = 5{,}92707 \Rightarrow \mathbf{X_1 = 80° \, 25' \, 24''}$$

Cálculo del perpendículo p_1:

$\cos (90° - p_1) = \text{sen } A \,.\, \text{sen } c \Rightarrow \text{sen } p_1 = \text{sen } A \,.\, \text{sen } c = 0{,}64545 \,.\, 0{,}19965 =$

$= 0{,}63245 \Rightarrow \mathbf{p_1 = 39° \, 13' \, 52''}$

Cálculo del lado x_1:

$$\cos A = \operatorname{ctg} c \,.\, \operatorname{ctg}(90° - x_1) = \frac{\operatorname{tg} x_1}{\operatorname{tg} c} \Rightarrow$$

$$\Rightarrow \operatorname{tg} x_1 = \cos A \,.\, \operatorname{tg} c = 0{,}76379 \,.\, 4{,}90784 = 3{,}74855 \Rightarrow \mathbf{x_1 = 75° \; 03' \; 47''}$$

Triángulo rectángulo II

Cálculo del lado y_1:

$$\cos a = \operatorname{sen}\,(90° - y_1) \,.\, \operatorname{sen}(90° - p_1) = \cos y_1 \,.\, \cos p_1 \Rightarrow$$

$$\Rightarrow \cos y_1 = \frac{\cos a}{\cos p_1} = \frac{0{,}51927}{0{,}77460} = 0{,}67037 \Rightarrow \mathbf{y_1 = 47° \; 54' \; 15''}$$

Cálculo del ángulo Y_1:

$$\cos Y_1 = \operatorname{ctg} a \,.\, \operatorname{ctg}(90° - p_1) = \frac{tg\, p_1}{tg\, a} \Rightarrow \cos Y_1 = \frac{0{,}81648}{1{,}64578} = 0{,}49610 \Rightarrow$$

$$\Rightarrow \mathbf{Y_1 = 60° \; 15' \; 25''}$$

Cálculo del ángulo C_1:

$$\cos(90° - p_1) = \operatorname{sen} a \,.\, \operatorname{sen} C_1 \Rightarrow \operatorname{sen} p_1 = \operatorname{sen} a \,.\, \operatorname{sen} C_1 \Rightarrow$$

$$\Rightarrow \operatorname{sen} C_1 = \frac{sen\, p_1}{sen\, a} = \frac{0{,}63244}{0{,}85460} = 0{,}74004 \Rightarrow C_1 = 47° \; 44' \; 06''$$

$x_1 + y_1 = b_1 = 122° \; 58' \; 02''$

$X_1 + Y_1 = B_1 = 140° \; 40' \; 49''$

Segunda solución $C_2 > 90°$

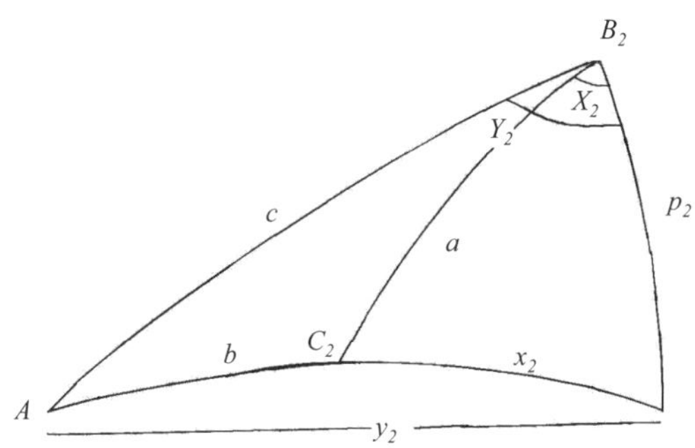

Pentágono I

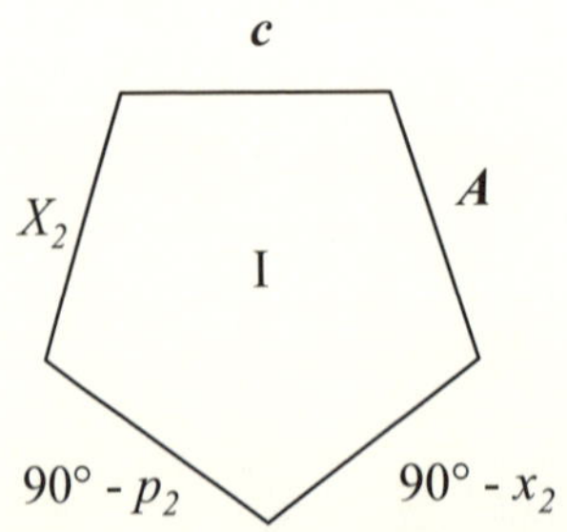

Pentágono II

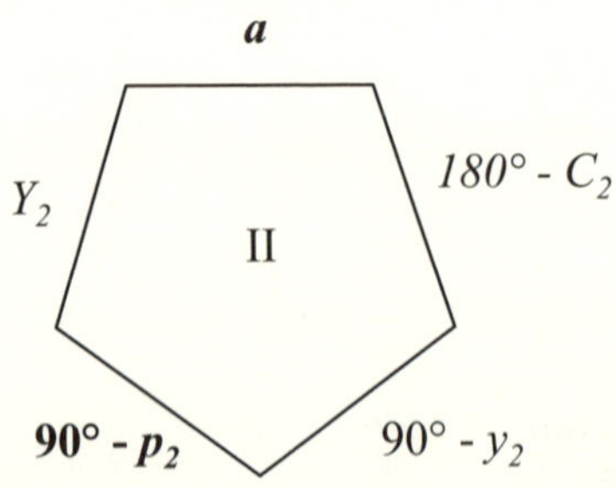

Utilizando los resultados del caso anteriores obtiene:

Triángulo I	*Triángulo II*
$Y_2 = Y_1 = 80°\ 25'\ 32''$	$x_2 = x_1 = 47°\ 54'\ 40''$
$p_2 = p_1 = 39°\ 13'\ 28''$	$X_2 = X_1 = 60°\ 16'\ 01''$
$y_2 = y_1 = 75°\ 03'\ 40''$	$180° - C_2 = C_1 = 47°\ 43'\ 15''$

El resultado final de este caso es:

$C_2 = 132°\ 16'\ 45''$

$y_2 - x_2 = b_2 = 27°\ 09'$

$Y_2 - X_2 = B_2 = 20°\ 09'\ 31''$

31. Resolver por el método del perpendículo:

$\boldsymbol{A = 100°\ 47'}$

$\boldsymbol{B = 49°\ 25'}$

$\boldsymbol{a = 118°\ 04'}$

$a > 90°;\ A + B < 180° \Rightarrow$

$\Rightarrow a + b < 180°;$

$A > B \Rightarrow a > b \Rightarrow b < 90°$

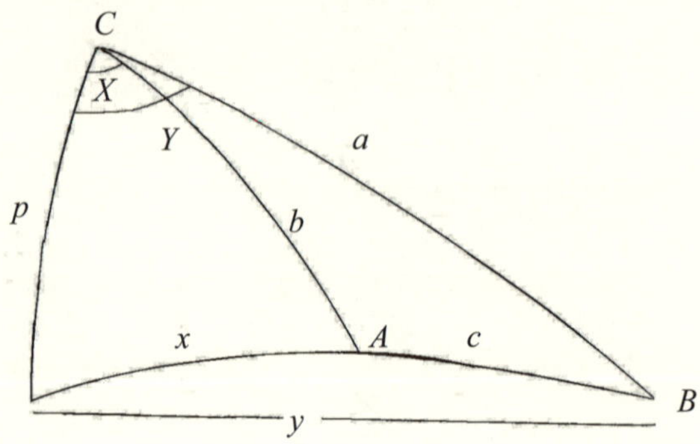

Pentágono I Pentágono II

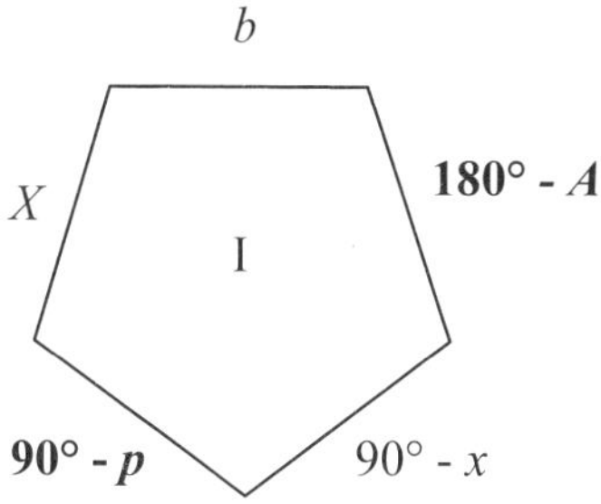

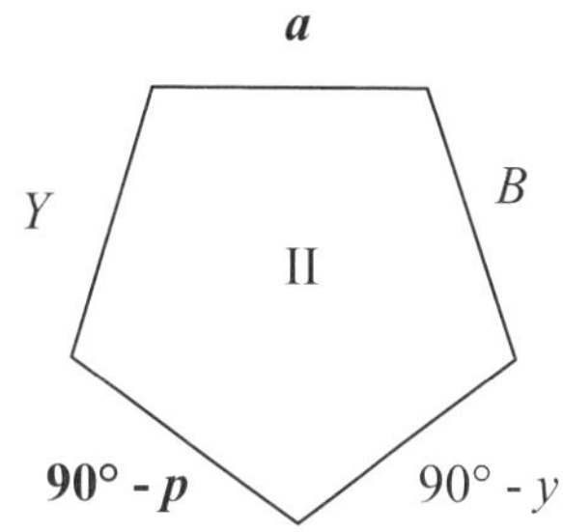

Triángulo rectángulo II

Cálculo del ángulo Y:

$$\cos a = \operatorname{ctg} Y \,.\, \operatorname{ctg} B = \frac{1}{\operatorname{tg} Y \,.\, \operatorname{tg} B} \Rightarrow$$

$$\Rightarrow \operatorname{tg} Y = \frac{1}{\cos a \,.\, \operatorname{tg} B} = \frac{1}{(-0{,}47049) \,.\, 1{,}16740} = -1{,}82065 \Rightarrow \mathbf{Y = 118° \; 46' \; 40''}$$

Cálculo del perpendículo p:

$$\cos (90°\text{-}p) = \operatorname{sen} a \,.\, \operatorname{sen} B \Rightarrow$$

$$\Rightarrow \operatorname{sen} p = \operatorname{sen} a \,.\, \operatorname{sen} B = 0{,}88240 \,.\, 0{,}75946 = 0{,}67014 \Rightarrow \mathbf{p = 42° \; 04' \; 42''}$$

Cálculo del lado y:

$$\cos B = \operatorname{ctg} a \,.\, \operatorname{ctg} (90°\text{-}\, y) = \frac{\operatorname{tg} y}{\operatorname{tg} a} \Rightarrow$$

$$\Rightarrow \operatorname{tg} y = \cos B \,.\, \operatorname{tg} a = 0{,}65055 \,.\, (-1{,}87545) = -1{,}22007 \Rightarrow \mathbf{y = 129° \; 20' \; 19''}$$

Triángulo rectángulo I

Es un triángulo rectángulo cuyos datos son lado y ángulo opuestos, por lo que tendría discusión, pero ésta ya se ha hecho al comenzar el ejercicio, por lo tanto, se tiene:

$b < 90° \Rightarrow x < 90°$ y $X < 90°$

Cálculo del lado b:

$$\cos (90° - p) = \text{sen } b \cdot \text{sen } (180° - A) \Rightarrow \text{sen } p = \text{sen } b \cdot \text{sen } A \Rightarrow$$

$$\Rightarrow \text{sen } b = \frac{\text{sen } p}{\text{sen } A} = \frac{0{,}67014}{0{,}98234} = 0{,}68218 \Rightarrow b = 43° \ 00' \ 53''$$

Cálculo del lado x:

$$\cos (90° - x) = \text{ctg } (90° - p) \cdot \text{ctg } (180° - A) \Rightarrow \text{sen } x = -\frac{\text{tg } p}{\text{tg } A} = -\frac{0{,}90288}{-5{,}25048} =$$

$$= 0{,}17196 \Rightarrow \mathbf{x = 9° \ 54' \ 06''}$$

Cálculo del ángulo X:

$$\cos (180° - A) = \text{sen } X \cdot \text{sen } (90° - p) \Rightarrow -\cos A = \text{sen } X \cdot \text{sen } p \Rightarrow$$

$$\Rightarrow \text{sen } X = -\frac{\cos A}{\cos p} = -\frac{-0{,}18709}{0{,}74222} = 0{,}25206 \Rightarrow \mathbf{X = 14° \ 35' \ 59''}$$

$$y - x = c = 119° \ 26' \ 13''$$

$$Y - X = C = 104° \ 10' \ 41''$$

Tema 6

Aplicaciones de la trigonometría esférica a la navegación

6.1. **Introducción**

En la esfera terrestre, se designará *QQ'* a la circunferencia máxima que representa el Ecuador, *P* es uno de sus polos, y *PA*, *PB* los meridianos de los puntos *A* y *B*, respectivamente. El meridiano *PG* es el que tomamos como origen de longitudes geográficas (meridiano de Greenwich) (Fig. 6.1):

MA = latitud de *A*, se denota l_A y para los cálculos se considera con signo positivo (+) si es norte (N) y signo negativo (-) si es sur (S).

NB = latitud de *B*, (l_B).

GM = longitud de *A*, (L_A) y para los cálculos se considera con signo positivo (+) si es este (E) y con signo negativo (-) si es oeste (W)

GN = longitud de *B*, (L_B)

La diferencia de longitud entre *A* y *B* se denomina ΔL, y se mide en el ecuador a través del arco que determinan los meridianos que pasan por *A* y *B*.

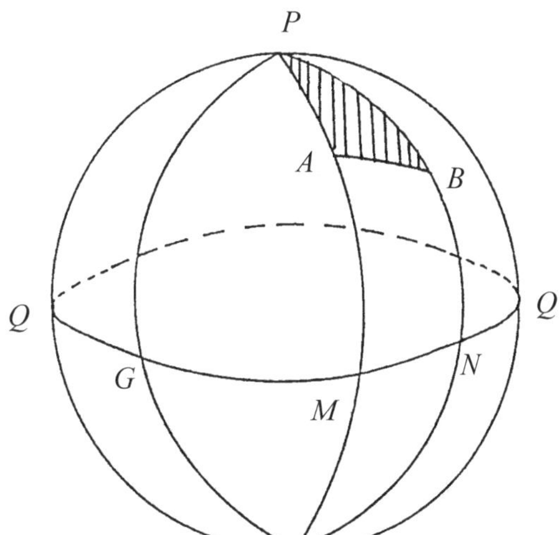

Figura 6.1

AB = Distancia recorrida (*d*). La trayectoria se realizará a través de un arco de circunferencia máxima, y en el, cada minuto equivaldrá a una milla náutica.

PAB = Rumbo inicial (R_i). Puede venir dado de dos formas:

Rumbo circular: ángulo R ($0° \leq R < 360°$) que forma el norte con la trayectoria, medido hacia el este. Se considera siempre con tres cifras (Fig. 6.2-a).

Rumbo cuadrantal: Es el ángulo R ($0° \leq R \leq 90°$) que forma el norte ó el sur con la trayectoria (siempre el menor de ellos), con las notaciones N o S y E o W (Fig. 6.2-b).

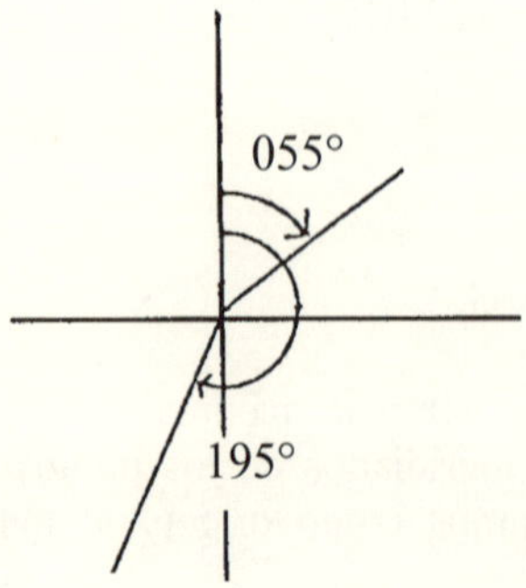

Figura 6.2-a

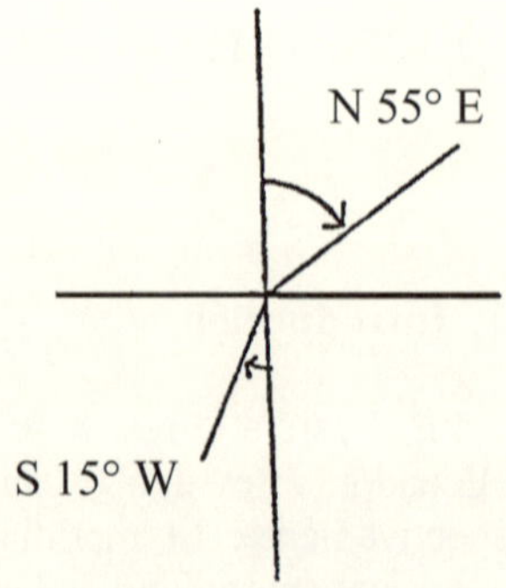

Figura 6.2-b

El rumbo que se debería tomar para seguir con la misma trayectoria a partir del punto de llegada, se llama rumbo final.

6.2. **Caso general: navegación a lo largo de una circunferencia máxima**

Los problemas de la navegación a través de una circunferencia máxima, necesitan de la resolución de un triángulo esférico (generalmente oblicuo) en el que un vértice es uno de los polos.

Si *A* y *B* se encuentran en el mismo hemisferio se suele tomar el polo de dicho hemisferio y si están en hemisferios diferentes, se puede tomar cualquiera de los dos (Fig. 6.3).

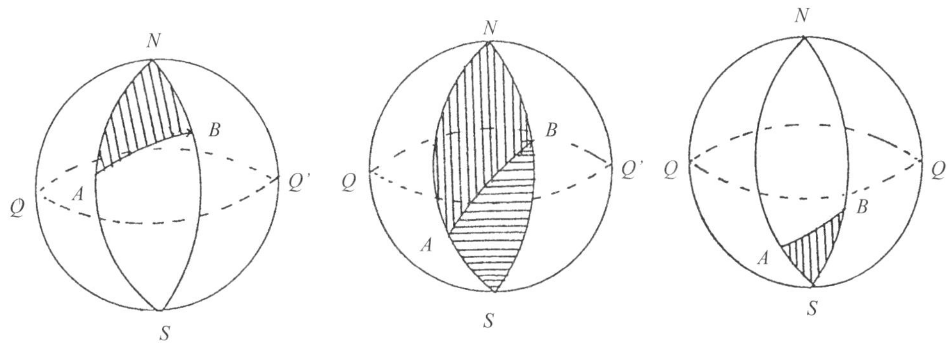

Figura 6.3

Ejemplo:

Hallar el rumbo inicial, el rumbo final y la mínima distancia a través de un arco de circunferencia máxima de un vuelo desde San Francisco (USA) (37° 48' N, 122° 25' W) hasta Brisbane (Australia) (27° 19' S, 153° 10' E). Localizar el punto de la travesía que corta al Ecuador.

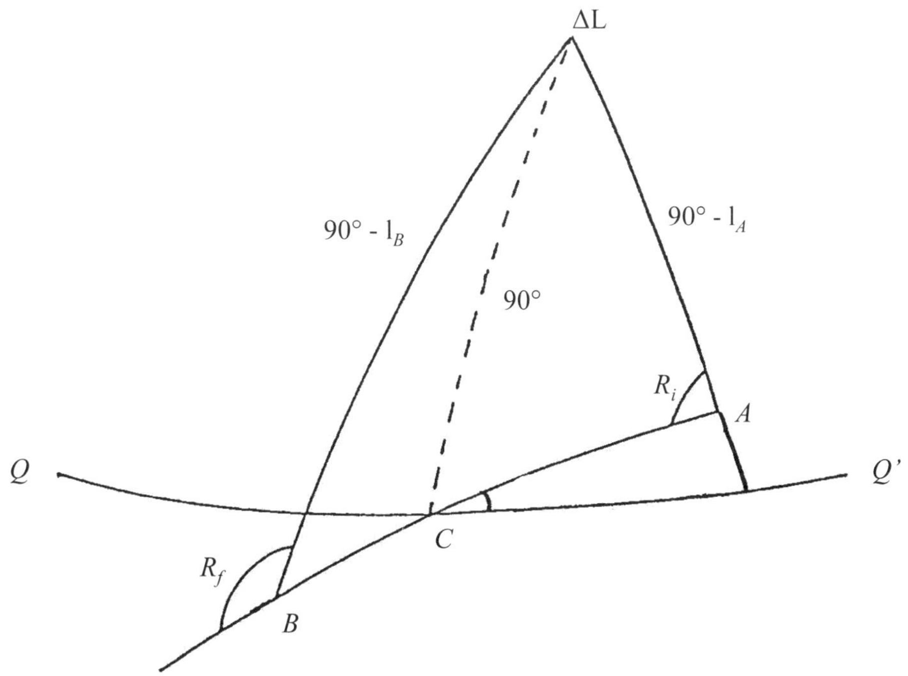

Solución:

$\Delta L = L_B - L_A = 153° \ 10' - (-122° \ 25') = 275° \ 35' \equiv 275° \ 35' \ E \equiv 84° \ 25' \ W$

$\cos d = \cos(90 - l_A)\cos(90 - l_B) + \text{sen}(90 - l_A)\,\text{sen}(90 - l_B)\cos \Delta L =$

$= \operatorname{sen} l_A \operatorname{sen} l_B + \cos l_A \cos l_B \cos \Delta L = 0{,}61290.(-0{,}45890) + 0{,}79015.0{,}88848.0{,}09729 =$

$= -0{,}21297 \Rightarrow d = 102°\ 17'\ 47'' \equiv 6137'7868 \text{ minutos} \equiv 6137'78 \text{ millas W}$

$$\operatorname{ctg} A = \frac{\operatorname{ctg}(90° - l_B)\operatorname{sen}(90° - l_A) - \cos(90° - l_A)\cos \Delta L}{\operatorname{sen} \Delta L} =$$

$$= \frac{\operatorname{tg} l_B \cos l_A - \operatorname{sen} l_A \cos \Delta L}{\operatorname{sen} \Delta L} = \frac{(-0{,}51650).0{,}79015 - 0{,}61290.0{,}09729}{0{,}99525} = -0'46998 \Rightarrow$$

$\Rightarrow \operatorname{tg} A = -2'12774 \Rightarrow A = 115°\ 10'\ 22'' \Rightarrow R_i = \text{S } 64°\ 49'\ 38'' \text{ W o } R_i = 244°\ 49'\ 38''$

$$\operatorname{ctg} B = \frac{\operatorname{ctg}(90° - l_A)\operatorname{sen}(90° - l_B) - \cos(90° - l_B)\cos \Delta L}{\operatorname{sen} \Delta L} =$$

$$= \frac{\operatorname{tg} l_A \cos l_B - \operatorname{sen} l_B \cos \Delta L}{\operatorname{sen} \Delta L} = \frac{0{,}77567.0{,}88848 - (-0{,}45890).0{,}09729}{0{,}99525} = 0'73732 \Rightarrow$$

$\Rightarrow \operatorname{tg} B = 1'35625 \Rightarrow B = 53°\ 35'\ 52'' \Rightarrow R_f = \text{S } 53°\ 35'\ 52'' \text{ W o } R_f = 233°\ 35'\ 52''$

Se pasa ahora a hallar el punto de corte con el Ecuador:

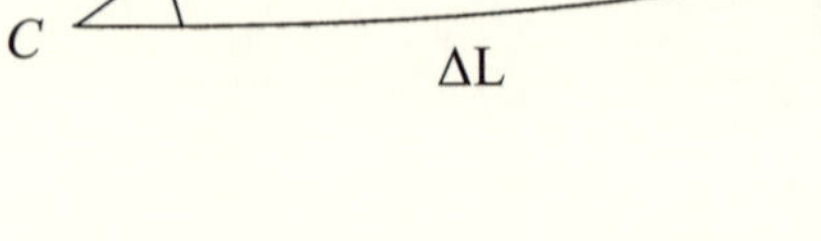

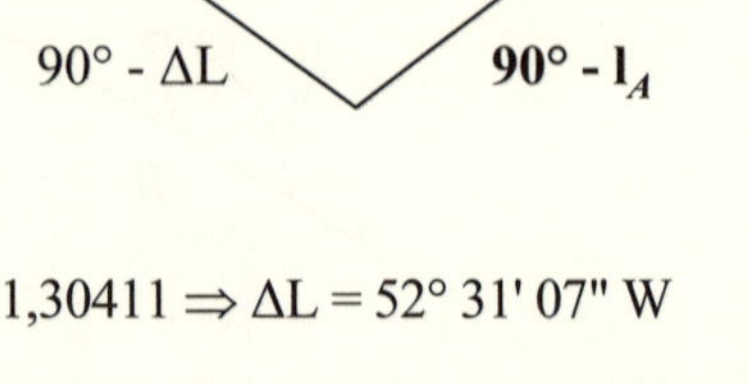

$\operatorname{tg} \Delta L = -\operatorname{sen} l_A \operatorname{tg} A = -0{,}61290.(-2{,}12774) = 1{,}30411 \Rightarrow \Delta L = 52°\ 31'\ 07'' \text{ W}$

$L_C = L_A + \Delta L = (-122°\ 25') + (-52°\ 31'\ 07'') = -174°\ 56'\ 07'' \Rightarrow L_C = 174°\ 56'\ 07'' \text{ W}$

Aunque todos los casos se pueden resolver utilizando el método general, hay algunos cuyas condiciones particulares pueden simplificar su resolución.

6.3. **Casos particulares**

6.3.1. *Navegación a lo largo de un paralelo*

Cuando la navegación se realiza directamente hacia el este o el oeste, la trayectoria se puede desarrollar a través del paralelo de latitud de *A*, ya que $l_A = l_B$, y el problema se reduce a calcular L_B.

La distancia recorrida al navegar desde *A* hasta *B* se denomina apartamiento (*p*) y aunque su medida angular coincide con ΔL, no se puede utilizar la equivalencia entre milla y minuto, porque la trayectoria no se realiza en un arco de circunferencia máximo.

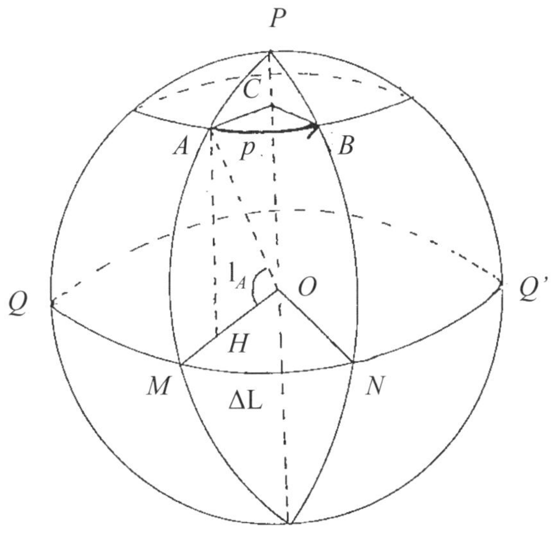

Figura 6.4

Para hallar L_B, es necesario convertir *p* millas en minutos. En la figura 6.4 se unen *A* y *B* con el centro *C* de la circunferencia menor (paralelo de latitud), y *A*, *M* y *N* con el centro *O* de la Tierra. Por último, se traza *AH* perpendicular a *MO*.

El ángulo *MOA* mide la latitud del punto *A*.

Como los ángulos *MON* y *ACB* son iguales, los arcos *MN* y *AB* son proporcionales a sus radios, por tanto:

$$\frac{\Delta L}{p} = \frac{\text{arc } MN}{\text{arc } AB} = \frac{OM}{CA} = \frac{OA}{OH} = \frac{1}{\cos MOA} \Rightarrow \Delta L = \frac{p}{\cos l_A}$$

Ejemplo:

Un barco navega 78 millas hacia el este en la latitud 35°28' N. Hallar el cambio de longitud.

Solución:

$\Delta L = p \sec l_A = 78$ millas E .sec (35° 28') = 78 millas E .1,22781 = 95'77 millas E ≡

≡ 95'77 minutos E ⇒ $\Delta L = 1° 35' 46''$ E

6.3.2. *Reducción a un plano*

Cuando las distancias relacionadas son relativamente pequeñas (menores de 200 millas), se puede considerar la superficie de la Tierra como un plano, en el cual, los meridianos se representan por rectas paralelas verticales. De esta manera, se pueden utilizar las fórmulas de la trigonometría plana que son más sencillas.

En la figura 6.5, *PAM* es el meridiano que pasa por *A* y *DB* es una parte de paralelo de latitud que pasa por *B*. *AB* es la distancia, *DB* es el apartamiento, Δl es la variación de latitud y *R* es el ángulo del rumbo.

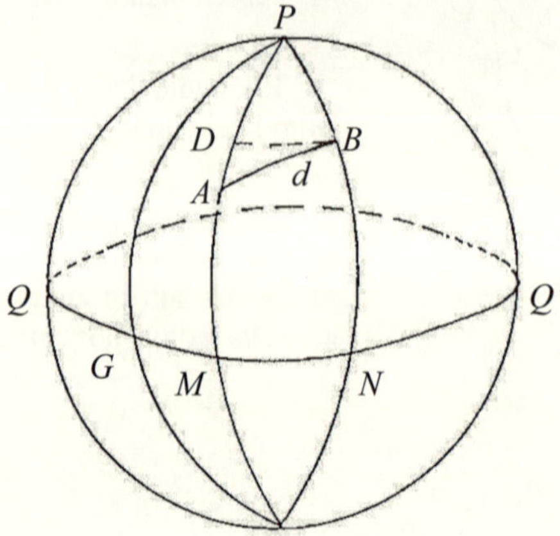

Figura 6.5

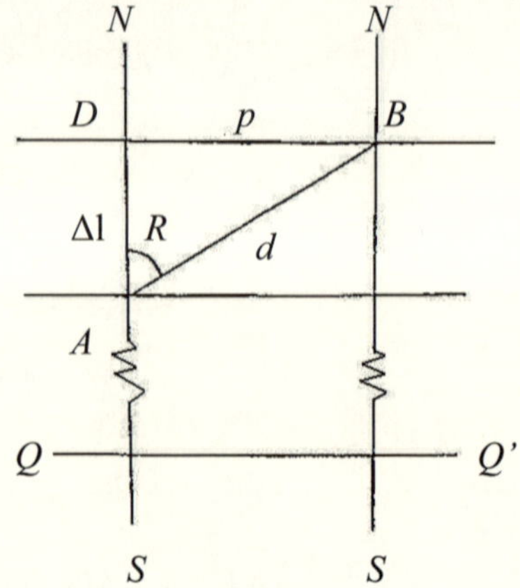

Figura 6.6

En el triángulo rectángulo (Fig. 6.6) se verifica:

$$\Delta l = d \cos R, \quad p = d \operatorname{sen} R \quad \text{y} \quad \operatorname{tg} R = \frac{p}{\Delta L}$$

Cuando se hace la simplificación de pasar de la esfera al plano, al utilizar la fórmula vista anteriormente $\Delta L = p \sec l_A$, ΔL es mayor que su valor real. Para minimizar este error, es conveniente utilizar el apartamiento correspondiente al paralelo de la latitud media de los paralelos de *A* y *B*, es decir:

$$\Delta L = p \sec \frac{1}{2}(l_A + l_B)$$

Este método no debe aplicarse cuando la latitud media excede de 60°, ya que el error cometido sería bastante considerable, por lo que habría que resolverlo entonces como un caso general.

Ejemplo:

Un buque sale de *A* (l_A = 58° 17' N, L_A = 128° 31' W) y navega 132 millas con un rumbo de 243°. Hallar la posición del punto de llegada.

Solución:

$\Delta l = d.\cos R =$ 132 millas. (-0,45399) = -59'93 millas ≡ 59,93 millas S ≡

≡ 59'93 minutos S = 0° 59' 56" S

$l_B = l_A + \Delta l$ = 58° 17' + (-0° 59' 56") = 57° 17' 04" ≡ 57° 17' 04" N

$l_M = \frac{1}{2}(l_A + l_B)$ = 57° 47' 02"

$p = d.\text{sen } R$ = -117'61 millas ≡ 117'61 millas W

$\Delta L = p. \sec l_M$ = -220'61 millas ≡ 220'61 millas W ≡ 220'61 minutos W = 3° 40' 37" W

$L_B = L_A + \Delta L$ = (-128° 31') + (-3° 40' 37") =-132° 11' 36" ≡ L_B = 132° 11' 36" W

6.3.3. *Estima*

Es el procedimiento que se utiliza para conocer la posición del barco, después de haber realizado una serie de derrotas con distintos rumbos, cuando en todas ellas se puede aplicar la reducción a un plano. Si en alguna de las derrotas no se pudiera aplicar esta reducción, habría que resolverlo con las fórmulas generales.

Ejemplo:

Un barco parte de A (l_A = 43° 25' N, L_A = 68° 35' W) y recorre las distancias siguientes con los rumbos indicados:

Rumbo:	300°	080°	190°	060°	200°
Dist.:	63	40	25	50	75

Hallar la posición final B del barco y su distancia hasta A, así como el rumbo de la trayectoria directa de A a B.

Solución:

Teniendo en cuenta que $p = d.\text{sen } R$ y $\Delta l = d.\cos R$

Rumbo	Distancia	Δl	*p*
300°	63	31'5	-54'55960
080°	40	6'94592	39'39231
190°	25	-24'62019	-4'34120
060°	50	25	43'30127
200°	75	-70'47694	-25'65151

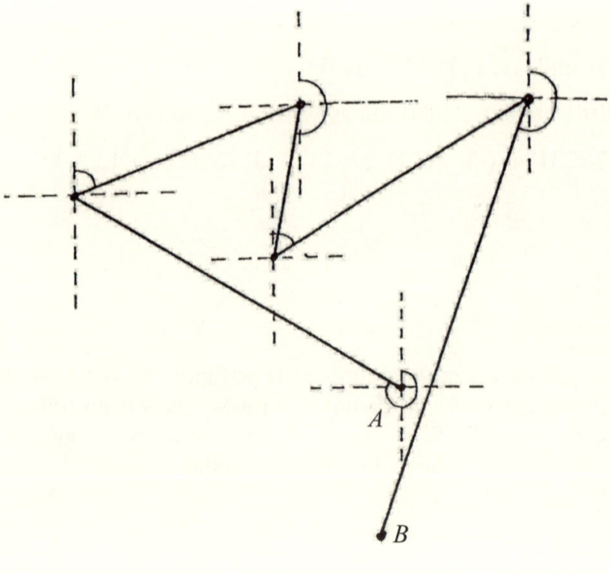

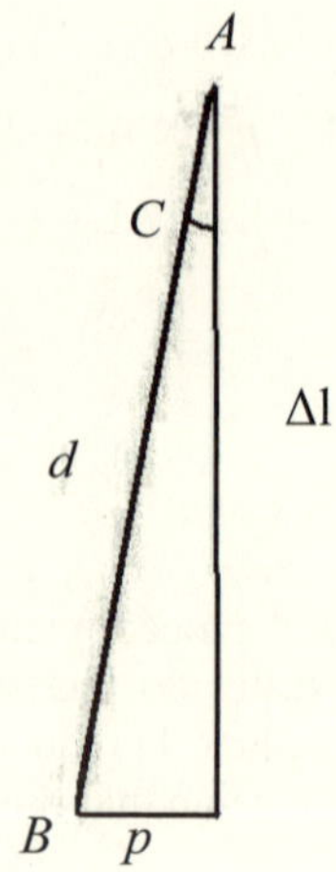

$\Sigma\ \Delta l = -31'65121$ millas $\equiv 31'65121$ millas S $\equiv 31'65121$ min.S $\equiv 0°\ 31'\ 39''$ S

$\Sigma\ p = -1'85873$ millas $\equiv 1'85873$ millas W

$l_B = l_A + \Delta l = 43°\ 25' + (-0°\ 31'\ 39'') = 42°\ 53'\ 21''$ N

$$\text{tg}\ C = \frac{p}{\Delta L} = \frac{1'85873 \text{ millas W}}{31'65121 \text{ millas S}} = 0{,}05872 \Rightarrow C = 3°\ 21'\ 39'' \Rightarrow$$

$\Rightarrow R_o = 180° + C = 183°\ 21'\ 39''$ ó $R_{\square} = \text{S}\ C\ \text{W} = \text{S}\ 3°\ 21'\ 39''$ W

$$d = \frac{\Delta l}{\cos C} = \frac{31{,}65121 \text{ millas S}}{0{,}99828} = 31'70573 \text{ millas}$$

$$l_M = \frac{1}{2}\ (l_A + l_B) = 43°\ 09'\ 10''$$

$\Delta L = p.\sec l_M = 1'85873$ millas W. $1'37074 = 2'54784$ millas $\equiv 0°\ 02'\ 32''$ W

$L_B = L_A + \Delta L = -68°\ 35' + (-0°\ 02'\ 32'') = -68°\ 37'\ 34'' \equiv 68°\ 37'\ 32''$ W

6.4. **Ejercicios**

1. **Un barco navega 48 millas al oeste en la latitud 35° 20' N. Hallar el cambio de longitud.**

p = 48 millas W

l_A = 35° 20' N

$$\Delta L = \frac{p}{\cos l_A} = \frac{48 \text{ millas W}}{0{,}81580} = 58{,}83 \text{ millas W} \equiv 0° \, 58' \, 50'' \text{ W}$$

2. **Un barco navega hacia el oeste una distancia de 98 millas en latitud 44° S. Hallar ΔL**

p = 98 millas W

l_A = 44° S

$$\Delta L = \frac{p}{\cos l_A} = \frac{98 \, millas \, W}{0{,}71933} = 136{,}23 \text{ millas W} \equiv 2° \, 16' \, 14'' \text{ W}$$

3. **Un barco cuya latitud es 43° S navega hacia el oeste hasta que alcanza una diferencia de longitud de 3° 42'. Hallar el apartamiento.**

l_A = 43° S

ΔL = 3° 42' ≡ 222 millas

$p = \Delta L \cdot \cos l_A$ = 222 millas W . 0,68199 = 151,40 millas W

4. **Un barco navega 128 millas hacia el este a lo largo del paralelo de latitud 37° N. ¿Cuál es la longitud del punto de llegada si:**

   a) **parte de la longitud 135° E?**

   b) **Parte de la longitud 140° W?**

$$\Delta L = \frac{p}{\cos l_A} = \frac{128 \text{ millas E}}{0{,}79863} = 160{,}27 \text{ millas E} \equiv 2° \, 40' \, 16''$$

$L_B = L_A + \Delta L$

a) $L_B = 135^o + 2^o\ 40'\ 16'' = 137^o\ 40'\ 16'' \equiv 137^o\ 40'\ 16''$ E

b) $L_B = -140^o + 2^o\ 40'\ 16'' = -137^o\ 19'\ 44'' \equiv 137^o\ 19'\ 44''$ W

5. **Un barco navega una distancia de 142 millas con un rumbo de 60° desde un puerto *A* (l_A = 35° N, L_A = 66° E) hasta *B*. Hallar el apartamiento y la latitud del punto *B*.**

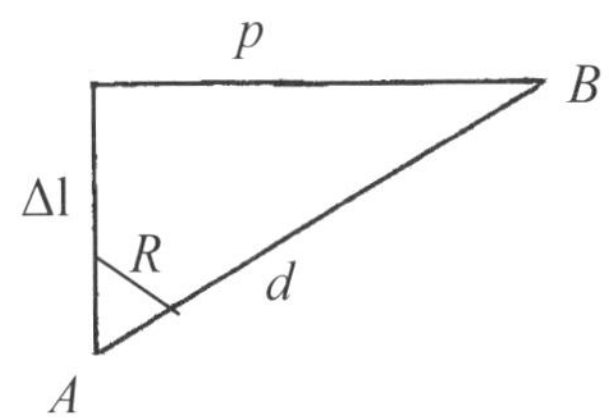

$d = 142$ millas

$R_i = 60°$

Cálculo de la latitud de B

$\Delta l = d \cdot \cos R_i = 142$ millas . 0,5 = 71 millas ≡

≡ 71 minutos N = 1° 11' N

$l_B = l_A + \Delta l = 35° + 1°\ 11' = 36°\ 11' \equiv 36°\ 11'$ N

Cálculo del apartamiento

$p = d \cdot \text{sen}\ R_i = 142$ millas . 0.86602 = 122,97 millas ≡122,97 millas E

6. **Un barco navega 150 millas con un rumbo S 45° 20' W desde *A* (l_A = 40° 15' N). Hallar el apartamiento y la latitud del punto *B*.**

$d = 150$ millas

R_i = S 45° 20' W

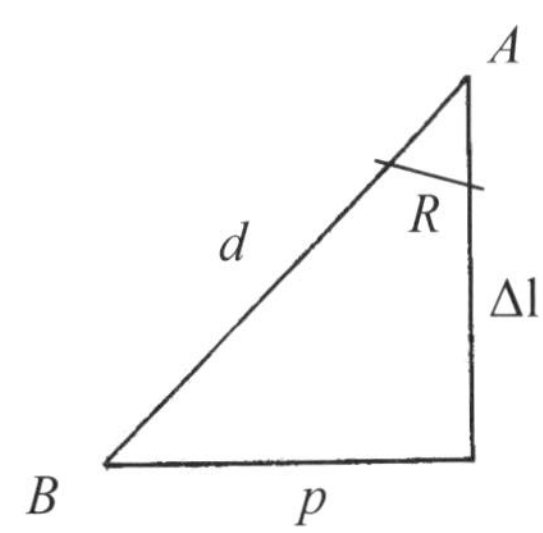

Cálculo de la latitud de B

$\Delta l = d \cdot \cos R_i = 150$ millas . 0,70298 = 105,44 millas ≡ 105,44 minutos S = 1° 45' 27'' S

$l_B = l_A + \Delta l = 40°\ 15' + (-1°\ 45'\ 27'') = 38°\ 29'\ 33'' \equiv 38°\ 29'\ 33''$ N

Cálculo del apartamiento

$p = d \cdot \text{sen}\ R_i = 142$ millas . 0.71120 = 106,68 millas ≡106,68 millas W

7. **Un aeroplano vuela desde *A* hasta *B*. La diferencia de latitud es 74 millas S y el apartamiento es 100 millas E. Hallar rumbo y distancia.**

Δl = 74 millas S
p = 100 millas E

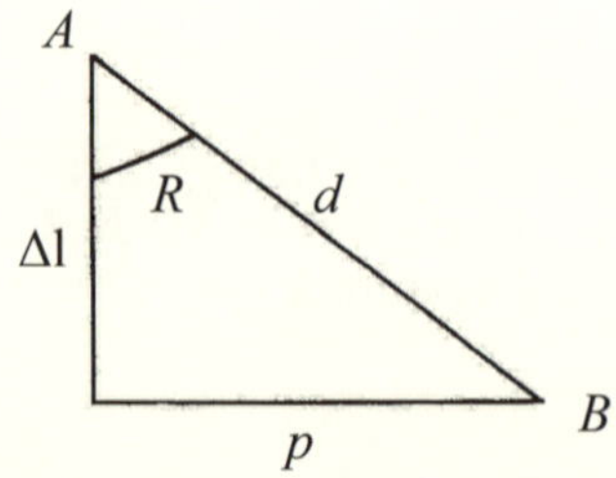

Cálculo del Rumbo

$$\operatorname{tg} R_i = \frac{p}{\Delta l} = \frac{100 \text{ millas E}}{74 \text{ millas S}} = 1{,}35135 \Rightarrow$$

$$\Rightarrow R_i = 53° \, 29' \, 55'' \equiv S \, 53° \, 29' \, 55'' \, E \text{ ó } R_i = 126° \, 30' \, 05''$$

Cálculo de la distancia

$$d = \frac{\Delta l}{\cos R_i} = \frac{74 \text{ millas S}}{0{,}59484} = 124{,}40 \text{ millas}$$

8. **Un buque sigue un rumbo de 150° cuando navega desde un punto *A* (l_A = 43° 15' S) hasta *B* (l_B = 45° 30' S). Hallar la distancia y el apartamiento.**

$R_i = 150° \equiv S \, 30° \, E$

$\Delta l = l_B - l_A = (-45° \, 30') - (-43° \, 15') = -2° \, 15' \equiv 2° \, 15' \, S =$

$= 135$ minutos S ≡ 135 millas S

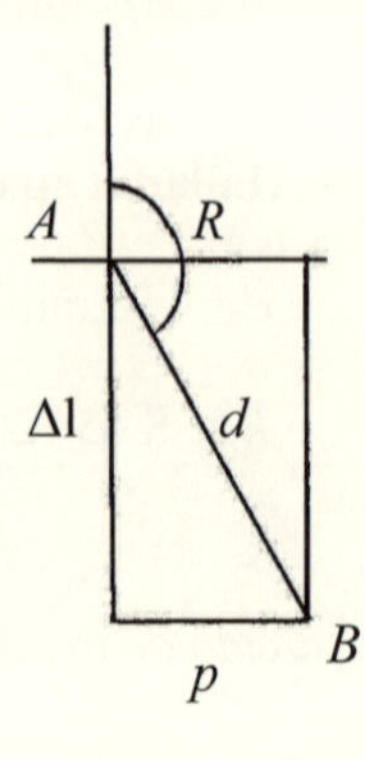

Cálculo de la distancia

$$d = \frac{\Delta l}{\cos R_i} = \frac{135 \text{ millas S}}{0{,}86602} = 155{,}88 \text{ millas}$$

Cálculo del apartamiento

$p = d \cdot \operatorname{sen} R_i = 155{,}88 \text{ millas} \cdot 0{,}5 = 77{,}94$ millas E

9. **Un barco navega 130 millas con un rumbo de N 62° 20' E a partir de *A* (l_A = 38° N). Hallar el apartamiento y la latitud final.**

Cálculo del apartamiento

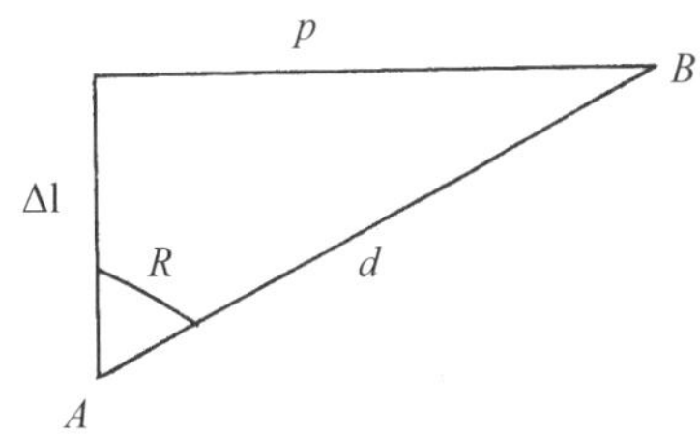

$p = d \,.\, \text{sen}\, R_i = 130$ millas . 0,88566 =

= 115,13 millas E

Cálculo de la latitud final

$\Delta l = d \,.\, \cos R_i = 130$ millas . 0,46432 = 60,36 millas N ≡ 1° 00' 22" N

$l_B = l_A + \Delta l$ = 38° + 1° 00' 22" = 39° 00' 22" ≡ 39° 00' 22" N

10. ***B* se encuentra a 130 millas al oeste y a 78 millas al sur de *A*. Hallar la distancia y el rumbo para navegar desde *A* hasta *B*.**

Δl = 78 millas S

p = 130 millas W

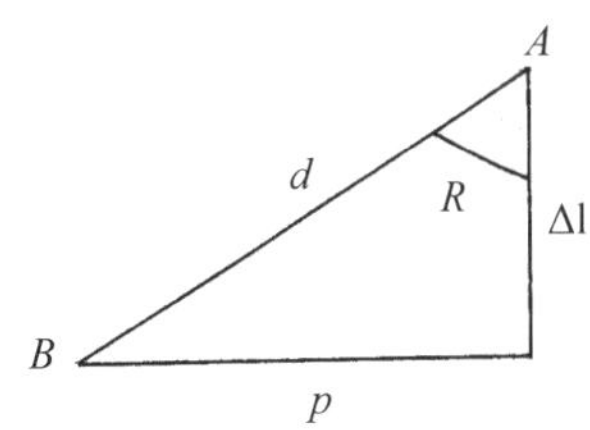

Cálculo del Rumbo

$$\text{tg}\, R_i = \frac{p}{\Delta l} = \frac{130\,\text{millas W}}{78\,\text{millas S}} = 1{,}66666 \Rightarrow R_i = 59°\ 02'\ 10'' \equiv \text{S}\ 53°\ 29'\ 55''\ \text{W}$$

$$R_i = 239°\ 02'\ 10''$$

Cálculo de la distancia

$$d = \frac{\Delta l}{\cos R_i} = \frac{78\,\text{millas S}}{0{,}51449} = 151{,}60\ \text{millas}$$

11. **Un buque sale de Cruz Grande (Chile) (29° 27' S, 71° 20' W) y navega 115 millas con un rumbo de 280°. Hallar la posición del punto de llegada.**

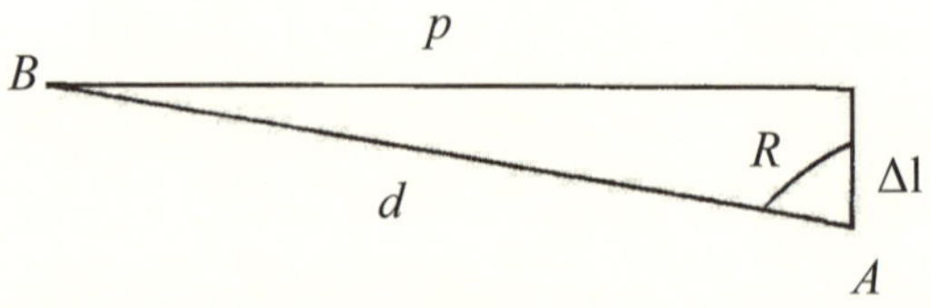

$l_A = 29° 27'$ S

$L_A = 71° 20'$ W

$R_i = 280° \equiv$ N 80° W

Cálculo de la latitud de B

$\Delta l = d \,.\, \cos R_i = 115$ millas . $0{,}17364 = 19{,}96$ millas N $\equiv 0° 19' 58''$ N

$l_B = l_A + \Delta l = (-29° 27') + 0° 19' 58'' = -28° 40' 02'' \equiv 28° 40' 02''$ S

Cálculo de la longitud de B

$$l_M = \frac{l_A + l_B}{2} = \frac{(-29°27') + (-28°40'02'')}{2} = -29° 03' 31'' \equiv 29° 03' 31'' \text{ S}$$

$p = d \,.\, \text{sen}\, R_i = 115$ millas . $0{,}98480 = 113{,}25$ millas $\equiv$ 113, 25 millas W

$$\Delta L = \frac{p}{\cos l_M} = \frac{113{,}25 \text{ millas W}}{0{,}87412} = 129{,}56 \text{ millas W} \equiv 2° 09' 34'' \text{ W}$$

$L_B = L_A + \Delta L = (-71° 20') + (-2° 09' 34'') = -73° 29' 34'' \equiv 73° 29' 34''$ W

12. **Un barco parte de *A* (47° 35' N, 37° 12' W) y llega a *B* (45° 35' N, 39° 54' W). Hallar mediante navegación por latitud media, el rumbo y la distancia.**

Cálculo del Rumbo

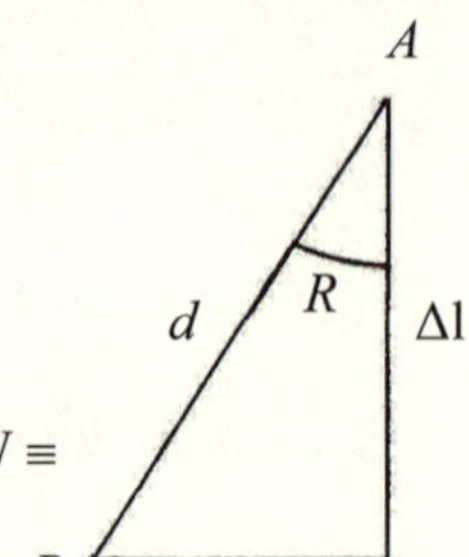

$\Delta l = l_B - l_A = 42° 46' – 45° 35' = -2° 49' \equiv 2° 49'$ S =

= 169 minutos $\equiv$ 169 millas S

$\Delta L = L_B - L_A = (-39° 54') – (-37° 12') = -2° 42' \equiv 2° 42'$ W $\equiv$

$\equiv$162 millas W

$$l_M = \frac{l_A + l_B}{2} = \frac{47°35' + 45°35'}{2} = 46° 35' \equiv 46° 35' \text{ N}$$

$p = \Delta L \,.\, \cos l_M = 162$ millas W . 0,68729 = 111,34 millas W

$$\operatorname{tg} R_i = \frac{p}{\Delta l} = \frac{111{,}34 \text{ millas W}}{169 \text{ millas S}} = 0{,}65883 \Rightarrow R_i = 33°\ 22'\ 41'' \equiv \text{S } 33°\ 22'\ 41'' \text{ W}$$

$$R_i = 214°\ 31'\ 22''$$

Cálculo de la distancia

$$d = \frac{\Delta l}{\cos R_i} = \frac{169 \text{ millas S}}{0{,}83505} = 202{,}38 \text{ millas}$$

13. **Un barco parte de Dakar (Senegal) (14° 41' N, 17° 25' W) y recorre las distancias siguientes con los rumbos indicados:**

Rumbo	**265° 00'**	**40° 30'**	**260° 30'**	**315° 40'**	**33° 00'**	**50° 30'**
Distancia	**18,5**	**22**	**14**	**28,3**	**17**	**25**

Si la posición final del buque es *B*, hallar la distancia entre *A* y *B*, el rumbo necesario para un viaje directo de *A* a *B* y la latitud y longitud de *B*.

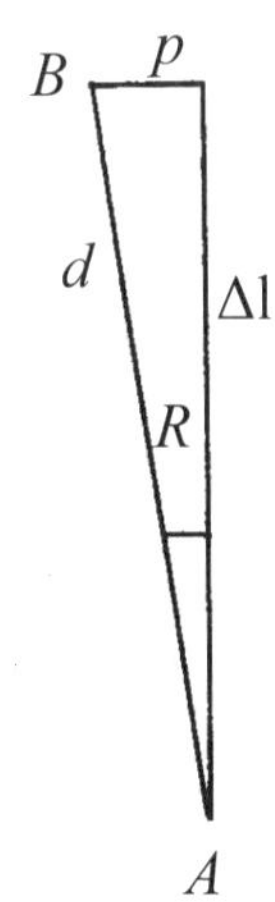

Rumbo	Distancia	$\Delta l = d \,.\, \cos R_i$	$p = d \,.\, \text{sen } R_i$
265°	18,5	-1,61238	-18,42960
40° 30'	22	16,72893	14,28785
260° 30'	14	-2,31066	-13,80799
315° 40'	28,3	20,24260	-19,77693
33°	17	14,25739	9,258863
50° 30'	25	15,90195	19,29061

$\sum \Delta l = 63{,}20783 \equiv 63{,}20783$ millas N $\equiv 63{,}20783$ minutos N = 1° 03' 13" N

$\sum p = -9{,}17719 \equiv 9{,}17719$ millas W

Cálculo de la latitud de B

$l_B = l_A + \Delta l = 14°\ 41' + 1°\ 03'\ 13'' = 15°\ 44'\ 13'' \equiv 15°\ 44'\ 13''$ N

Cálculo del rumbo directo

$$l_M = \frac{l_A + l_B}{2} = \frac{14°41' + 15°44'13''}{2} = 15°\ 12'\ 36'' \equiv 15°\ 12'\ 36''\ N$$

$$\operatorname{tg} R_i = \frac{p}{\Delta l} = \frac{9{,}17719 \text{ millas W}}{63{,}20783 \text{ millas N}} = 0{,}14519 \Rightarrow R_i = 8°\ 15'\ 40'' \equiv N\ 8°\ 15'\ 40''\ W$$

$$R_i = 351°\ 44'\ 20''$$

Cálculo de la distancia

$$d = \frac{\Delta l}{\cos R_i} = \frac{63{,}20783 \text{ millas N}}{0{,}98962} = 63{,}87 \text{ millas}$$

Cálculo de la longitud de B

$$\Delta L = \frac{p}{\cos l_M} = \frac{9{,}17719 \text{ millas W}}{0{,}96497} = 9{,}51033 \text{ millas W} \equiv 0°\ 09'\ 30''\ W$$

$$L_B = L_A + \Delta L = (-17°\ 25') + (-0°\ 09'\ 30'') = -17°\ 34'\ 30'' \equiv 17°\ 34'\ 30''\ W$$

14. **Un barco sale del puerto de Salina Cruz (México) (16° 10' N , 95° 11' W) y llega al puerto de Guayaquil (Ecuador) (2° 17' S , 79° 55' W). Calcular la distancia entre Salina Cruz y Guayaquil, el rumbo final y el rumbo inicial.**

$l_A = 16°\ 10'\ N$ $\qquad$ $l_B = 2°\ 17'\ S$

$L_A = 95°\ 11'\ W$ $\qquad$ $L_B = 79°\ 55'\ W$

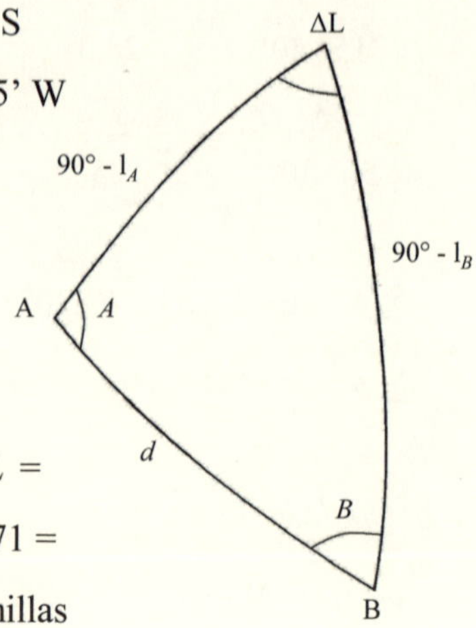

$\Delta L = L_B - L_A = (-\ 79°\ 55') - (-\ 95°\ 11') =$

$= 15°\ 16'\ E$

Cálculo de la distancia entre A y B

$\cos d = \operatorname{sen} l_A \,.\, \operatorname{sen} l_B + \cos l_A \,.\, \cos l_B \,.\, \cos \Delta L =$

$= 0{,}27843.(-0{,}03984) + 0{,}96045.0{,}99920.0{,}96471 =$

$= 0{,}08150 \Rightarrow d = 85°\ 19'\ 30'' \equiv d = 5119{,}48$ millas

Cálculo del rumbo inicial

$$\text{ctg}\,(90° - l_B)\,.\,\text{sen}\,(90° - l_A) = \cos\,(90° - l_A)\,.\,\cos\Delta L + \text{sen}\,\Delta L\,.\,\text{ctg}\,A \Rightarrow$$

$$\Rightarrow \text{ctg}\,A = \frac{\text{tg}\,l_B \cos l_A - \text{sen}\,l_A \cos\Delta L}{\text{sen}\,\Delta L} = \frac{(-0{,}03987).0{,}96045 - 0{,}27843.0{,}96471}{0{,}26331} =$$

$$= -1{,}16553 \Rightarrow \text{tg}\,A = -0{,}85797 \Rightarrow A = 139°\,22'16'' \Rightarrow$$

$$\Rightarrow R_i = 139°\,22'\,16'' \text{ ó S } 40°\,37'\,44'' \text{ E}$$

Cálculo del rumbo final

$$\text{ctg}\,(90° - l_A)\,.\,\text{sen}\,(90° - l_B) = \cos\,(90° - l_B)\,.\,\cos\Delta L + \text{sen}\,\Delta L\,.\,\text{ctg}\,B \Rightarrow$$

$$\Rightarrow \text{ctg}\,B = \frac{\text{tg}\,l_A \cos l_B - \text{sen}\,l_B \cos\Delta L}{\text{sen}\,\Delta L} = \frac{0{,}28989.0{,}99920 - (-0{,}03984).0{,}96471}{0{,}26331} =$$

$$= 1{,}24602 \Rightarrow \text{tg}\,B = 0{,}80254 \Rightarrow B = 38°\,44'\,55'' \Rightarrow$$

$$\Rightarrow R_f = 141°\,15'\,04'' \text{ ó S } 38°\,44'\,55'' \text{ E}$$

15. **Un buque sale de Madrás (India) (13° 05' N , 80° 17' E) y llega a Port Kelang (Malasia) (3° 00' N , 101° 24' E). Calcular la distancia entre Madrás y Port Kelang, el rumbo final y el rumbo inicial.**

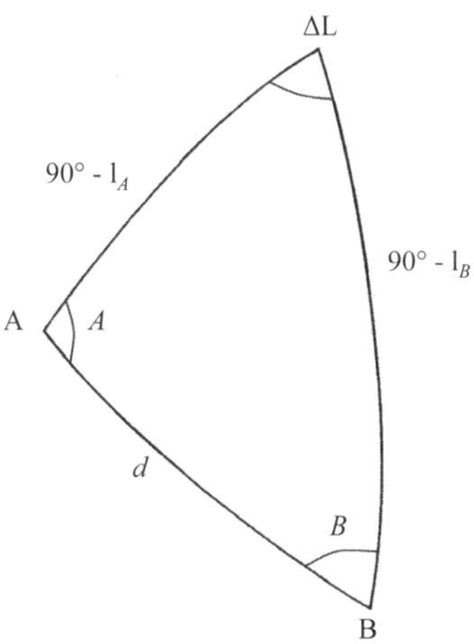

$l_A = 13°\,05'$ N $\qquad l_B = 3°\,00'$ N

$L_A = 80°\,17'$ E $\qquad L_B = 101°\,24'$ E

$$\Delta L = L_B - L_A = 101°\,24' - 80°\,17' = 21°\,07' \text{ E}$$

Cálculo de la distancia entre A y B

$$\cos d = \cos\,(90° - l_A)\,.\,\cos\,(90° - l_B) +$$

$$+ \text{sen}\,(90° - l_A)\,.\,\text{sen}\,(90° - l_B)\,.\,\cos\Delta L =$$

$$= \text{sen}\,l_A\,.\,\text{sen}\,l_B + \cos l_A\,.\,\cos l_B\,.\,\cos\Delta L =$$

$$= 0{,}22636\,.\,0{,}05233 + 0{,}97404.\,0{,}99862.\,0{,}93284 =$$

$$= 0{,}91921 \Rightarrow d = 23°\,11'\,18'' \equiv d = 1391{,}30 \text{ millas}$$

Cálculo del rumbo inicial

$$\text{ctg}\,(90° - l_B)\,.\,\text{sen}\,(90° - l_A) = \cos\,(90° - l_A)\,.\,\cos\Delta L + \text{sen}\,\Delta L\,.\,\text{ctg}\,A \Rightarrow$$

$$\Rightarrow \text{ctg}\,A = \frac{\text{tg}\,l_B \cos l_A - \text{sen}\,l_A \cos\Delta L}{\text{sen}\,\Delta L} = \frac{0{,}05240.0{,}97404 - 0{,}22636.0{,}93284}{0{,}36026} =$$

$$= -0{,}44445 \Rightarrow \text{tg}\,A = -2{,}24996 \Rightarrow A = 113°\ 57'46'' \Rightarrow$$

$$\Rightarrow R_i = 113°\ 57'\ 46''\ \text{ó S}\ 66°\ 02'\ 14''\ \text{E}$$

Cálculo del rumbo final

$$\text{ctg}\,(90° - l_A)\,.\,\text{sen}\,(90° - l_B) = \cos\,(90° - l_B)\,.\,\cos\Delta L + \text{sen}\,\Delta L\,.\,\text{ctg}\,B \Rightarrow$$

$$\Rightarrow \text{ctg}\,B = \frac{\text{tg}\,l_A \cos l_B - \text{sen}\,l_B \cos\Delta L}{\text{sen}\,\Delta L} = \frac{0{,}23240.0{,}99862 - 0{,}05233.0{,}93284}{0{,}36026} =$$

$$= 0{,}50869 \Rightarrow \text{tg}\,B = 1{,}96580 \Rightarrow B = 63°\ 02'\ 15'' \Rightarrow$$

$$\Rightarrow R_f = 116°\ 57'\ 44''\ \text{ó S}\ 63°\ 02'\ 15''\ \text{E}$$

16. **Hallar la distancia, el rumbo de salida y el rumbo de llegada correspondiente desde un viaje desde Bergen (Noruega) (60° 24' N , 5° 19' E) hasta St. John's (Canadá) (47° 34' N , 52° 41' W)**

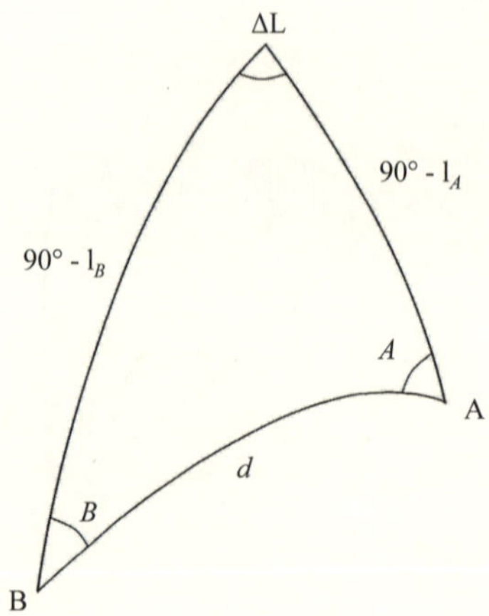

l_A = 60° 24' N $\qquad$ l_B = 47° 34' N

L_A = 5° 19' E $\qquad$ L_B = 52° 41' W

$$\Delta L = L_B - L_A = (-52°\ 41') - 5°\ 19' = -58° \equiv 58°\ \text{W}$$

Cálculo de la distancia entre A y B

$$\cos d = \cos\,(90° - l_A)\,.\,\cos\,(90° - l_B) +$$
$$+ \text{sen}\,(90° - l_A)\,.\,\text{sen}\,(90° - l_B)\,.\,\cos\Delta L =$$
$$= \text{sen}\,l_A\,.\,\text{sen}\,l_B + \cos l_A\,.\,\cos l_B\,.\,\cos\Delta L =$$
$$= 0{,}86949.\ 0{,}73806 + 0{,}49394.0{,}67473.\ 0{,}52991 =$$
$$= 0{,}81834 \Rightarrow d = 35°\ 04'\ 51'' \equiv d = 2104{,}84\ \text{millas}$$

Cálculo del rumbo inicial

$$\text{ctg}\,(90° - l_B)\,.\,\text{sen}\,(90° - l_A) = \cos\,(90° - l_A)\,.\,\cos\Delta L + \text{sen}\,\Delta L\,.\,\text{ctg}\,A \Rightarrow$$

$$\Rightarrow \text{ctg}\,A = \frac{\text{tg}\,l_B \cos l_A - \text{sen}\,l_A \cos\Delta L}{\text{sen}\,\Delta L} = \frac{1{,}09386.0{,}49394 - 0{,}86949.0{,}52991}{0{,}84804} =$$

$$= 0{,}09380 \Rightarrow \text{tg}\,A = 10{,}66049 \Rightarrow A = 84°\,38'28'' \Rightarrow$$

$$\Rightarrow R_i = 275°\,21'\,32''\ \text{ó N}\ 84°\,38'\,28''\ \text{W}$$

Cálculo del rumbo final

$$\text{ctg}\,(90° - l_A)\,.\,\text{sen}\,(90° - l_B) = \cos\,(90° - l_B)\,.\,\cos\Delta L + \text{sen}\,\Delta L\,.\,\text{ctg}\,B \Rightarrow$$

$$\Rightarrow \text{ctg}\,B = \frac{\text{tg}\,l_A \cos l_B - \text{sen}\,l_B \cos\Delta L}{\text{sen}\,\Delta L} = \frac{1{,}76031.0{,}67473 - 0{,}73806.0{,}52991}{0{,}84804} =$$

$$= 0{,}93937 \Rightarrow \text{tg}\,B = 1{,}06453 \Rightarrow B = 46°\,47'\,25'' \Rightarrow$$

$$\Rightarrow R_f = 226°\,47'\,25''\ \text{ó S}\ 46°\,47'\,25''\ \text{E}$$

17. **Un barco navega a lo largo de una circunferencia máxima desde Los Angeles (USA) (33° 43' N , 118° 16' W) hasta Townsville (Australia) (19° 15' S , 146° 50' E).**

    a) **Hallar la distancia, el rumbo de salida y el rumbo de llegada.**

    b) **Localizar el punto C donde el recorrido corta al Ecuador. Hallar el rumbo y la distancia desde C hasta Los Angeles.**

    c) **Localizar el punto D del recorrido cuya longitud es 180°. Hallar el rumbo y la distancia desde D hasta Los Angeles.**

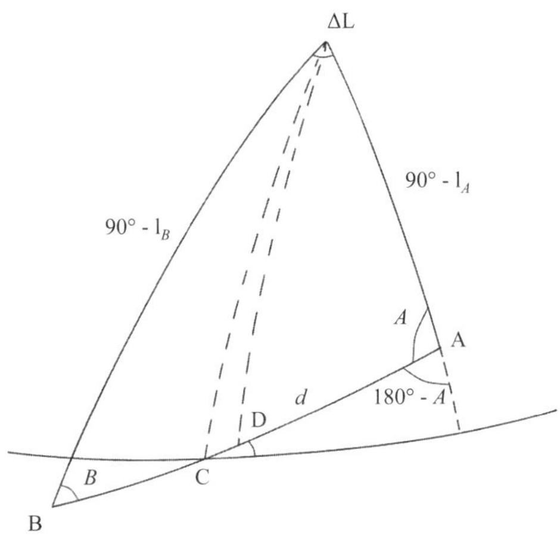

l_A = 33° 43' N $\qquad$ l_B = 19° 15' S

L_A = 118° 16' W $\qquad$ L_B = 146° 50' E

$\Delta L = L_B - L_A$ = 146° 50' – (-118° 16') = 265° 06' E ≡ 94° 54' W

a) *Cálculo de la distancia entre A y B*

$\cos d = \cos(90° - l_A) \cdot \cos(90° - l_B) + \mathrm{sen}(90° - l_A) \cdot \mathrm{sen}(90° - l_B) \cdot \cos \Delta L =$

$= \mathrm{sen}\, l_A \cdot \mathrm{sen}\, l_B + \cos l_A \cdot \cos l_B \cdot \cos \Delta L =$

$= 0{,}55508 \cdot (-0{,}32969) + 0{,}83179 \cdot 0{,}94408 \cdot (-0{,}08541) = -0{,}25007 \Rightarrow$

$\Rightarrow d = 104° 28' 55'' \equiv d = 6268{,}91$ millas

Cálculo del rumbo inicial

$\mathrm{ctg}(90° - l_B) \cdot \mathrm{sen}(90° - l_A) = \cos(90° - l_A) \cdot \cos \Delta L + \mathrm{sen}\, \Delta L \cdot \mathrm{ctg}\, A \Rightarrow$

$$\Rightarrow \mathrm{ctg}\, A = \frac{\mathrm{tg}\, l_B \cos l_A - \mathrm{sen}\, l_A \cos \Delta L}{\mathrm{sen}\, \Delta L} = \frac{(-0{,}34921) \cdot 0{,}83179 - 0{,}55508 \cdot (-0{,}08541)}{0{,}99634} =$$

$= -0{,}24395 \Rightarrow \mathrm{tg}\, A = -4{,}09907 \Rightarrow A = 103° 42' 35'' \Rightarrow$

$\Rightarrow R_i = 256° 17' 25''$ ó S 76° 17' 25'' W

Cálculo del rumbo final

$\mathrm{ctg}(90° - l_A) \cdot \mathrm{sen}(90° - l_B) = \cos(90° - l_B) \cdot \cos \Delta L + \mathrm{sen}\, \Delta L \cdot \mathrm{ctg}\, B \Rightarrow$

$$\Rightarrow \mathrm{ctg}\, B = \frac{\mathrm{tg}\, l_A \cos l_B - \mathrm{sen}\, l_B \cos \Delta L}{\mathrm{sen}\, \Delta L} = \frac{0{,}66713 \cdot 0{,}94408 - (-0{,}32969) \cdot (-0{,}08541)}{0{,}99634} =$$

$= 0{,}60186 \Rightarrow \mathrm{tg}\, B = 1{,}66151 \Rightarrow B = 58° 57' 28'' \Rightarrow$

$\Rightarrow R_f = 238° 57' 28''$ ó S 58° 57' 28'' W

b) *Cálculo de la longitud del punto C*

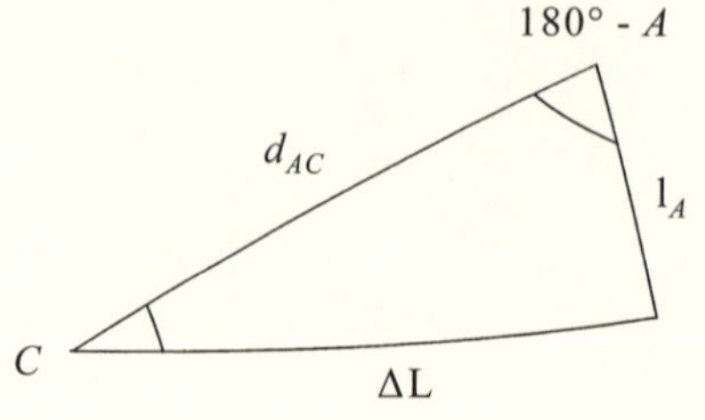

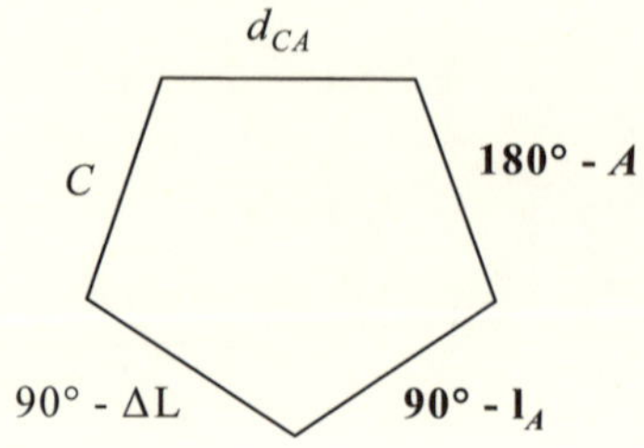

$\cos(90° - l_A) = \text{ctg}(90° - \Delta L) \cdot \text{ctg}(180° - A) \Rightarrow$

$\Rightarrow \text{sen } l_A = -\dfrac{\text{tg}\,\Delta L}{\text{tg}\,A} \Rightarrow \text{tg}\,\Delta L = -\text{sen } l_A \cdot \text{tg}\,A = -0{,}55508 \cdot (-4{,}09914) = 2{,}27535 \Rightarrow$

$\Rightarrow \Delta L = 66°\ 16'\ 29''$

$L_c = L_A + \Delta L = (-118°\ 16') + (-66°\ 16'\ 29'') = -184°\ 32'\ 29'' \equiv 184°\ 32'\ 29''\ W \Rightarrow$

$\Rightarrow L_C = 175°\ 27'\ 30''\ E$

Rumbo desde C hasta Los Angeles

$\cos C = \text{sen}(180° - A) \cdot \text{sen}(90° - l_A) = \text{sen } A \cdot \cos l_A = 0{,}97150 \cdot 0{,}83179 =$

$= 0{,}80809 \Rightarrow C = 36°\ 05'\ 24'' \Rightarrow R_{CA} = 90° - C = 53°\ 54'\ 35'' \Rightarrow$

$\Rightarrow R_{CA} = N\ 53°\ 54'\ 35''\ E$

Distancia desde C hasta Los Angeles

$\cos(180° - A) = \text{ctg}\,d \cdot \text{ctg}(90° - l_A) \Rightarrow -\cos A = \dfrac{\text{tg}\,l_A}{\text{tg}\,d} \Rightarrow \text{tg}\,d = -\dfrac{\text{tg}\,l_A}{\cos A} = -\dfrac{0{,}66733}{-0{,}23700} =$

$= 2{,}81570 \Rightarrow d = 70°\ 26'\ 51'' \equiv d = 4226{,}84$ millas

c) *Latitud del punto D*

$\Delta L = L_D - L_A = (-180°) - (-118°\ 16') = -61°\ 44'\ E \equiv 61°\ 44'\ W$

$\text{ctg}(90° - l_D) \cdot \text{sen}(90° - l_A) = \cos(90° - l_A) \cdot \cos \Delta L + \text{sen}\,\Delta L \cdot \text{ctg}\,A \Rightarrow$

$$\Rightarrow \text{tg}\,l_D = \frac{\text{sen}\,l_A \cos \Delta L + \dfrac{\text{sen}\,\Delta L}{\text{tg}\,A}}{\cos l_A} = \frac{0{,}55508 \cdot 0{,}47357 + \dfrac{0{,}88075}{-4{,}09914}}{0{,}83179} =$$

$= 0{,}05771 \Rightarrow l_D = 3°\ 18'\ 12''\ N$

Cálculo del rumbo de D a Los Angeles

$\cos R_{DA} = -\cos \Delta L \cdot \cos A + \text{sen}\,\Delta L \cdot \text{sen}\,A \cdot \cos(90° - l_A) =$

$= -\cos \Delta L \cdot \cos A + \text{sen}\,\Delta L \cdot \text{sen}\,A \cdot \text{sen}\,l_A =$

$= -0{,}47357 \cdot (-0{,}23700) + 0{,}88075 \cdot 0{,}97150 \cdot 0{,}55508 = 0{,}58718 \Rightarrow$

$\Rightarrow R_{DA} = N\ 54°\ 02'\ 32''\ E$

Cálculo de la distancia de D a Los angeles

$\text{ctg}\, d \,.\, \text{sen}\,(90° - l_A) = \cos\,(90° - l_A) \,.\, \cos A + \text{sen}\, A \,.\, \text{ctg}\, \Delta L \Rightarrow$

$$\Rightarrow \text{ctg}\, d = \frac{\text{sen}\, l_A \cos A - \dfrac{\text{sen}\, A}{\text{tg}\, \Delta L}}{\cos l_A} = \frac{0{,}55508.(-0{,}23700) + \dfrac{0{,}97150}{1{,}85979}}{0{,}83179} =$$

$= 0{,}46985 \Rightarrow \text{tg}\, d = 2{,}12833 \Rightarrow d = 64°\ 50'\ 01'' \Rightarrow d = 3890$ millas

18. **Un buque parte de Toamasina (Madagaskar) (18° 09' S , 49° 25' E) para efectuar una travesía a lo largo de una circunferencia máxima. El rumbo de salida es 48° 30'.**

   a) **Hallar la latitud y la longitud de su posición *B* cuando ha recorrido 500 millas.**

   b) **Localizar el punto de la circunferencia máxima que se encuentra más al norte.**

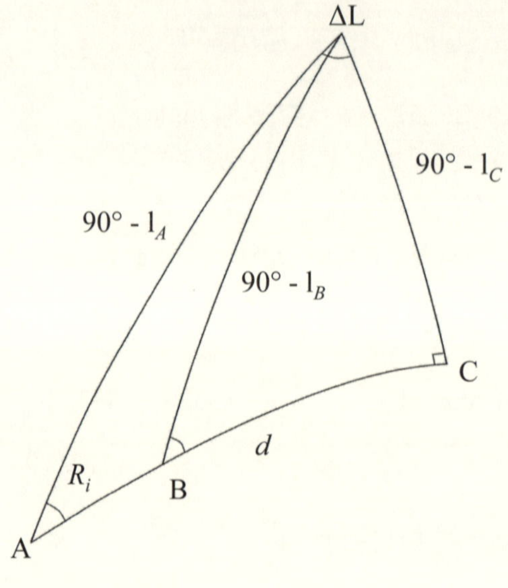

a) *Cálculo de la latitud del punto B*

500 millas ≡ 8° 20'

$\cos\,(90° - l_B) = \cos\,(90° - l_A) \,.\, \cos d + \text{sen}\,(90° - l_A) \,.\, \text{sen}\, d \,.\, \cos R_i \Rightarrow$

$\Rightarrow \text{sen}\ l_B = \cos l_A \,.\, \cos d + \cos\ l_A \,.\, \text{sen}\, d \,.\, \cos R_i =$

$= (-0{,}31150) \,.\, 0{,}98944 + 0{,}95024 \,.\, 0{,}14493 \,.\, 0{,}66262 = -0{,}21695 \Rightarrow$

$\Rightarrow l_B = -12°\ 31'\ 49'' \equiv l_B = 12°\ 31'\ 49''$ S

Cálculo de la longitud del punto B

$$\text{ctg}\, d \,.\, \text{sen}\,(90° - l_A) = \cos\,(90° - l_A) \,.\, \cos R_i + \text{sen}\, R_i \,.\, \text{ctg}\,\Delta L \Rightarrow$$

$$\Rightarrow \text{ctg}\,\Delta L = \frac{\dfrac{\cos l_A}{\text{tg}\, d} - \text{sen}\, l_A \cos R_i}{\text{sen}\, R_i} = \frac{\dfrac{0{,}95024}{0{,}14647} - (-0{,}31150).0{,}66262}{0{,}74895} =$$

$$= 8{,}93786 \Rightarrow \text{tg}\,\Delta L = 0{,}11188 \Rightarrow \Delta L = 6°\ 23'\ 02''$$

$$L_B = L_A + \Delta L = 49°\ 25' + 6°\ 23'\ 02'' \Rightarrow L_B = 55°\ 48'\ 02''\text{E}$$

c) *Cálculo de la latitud del punto C*

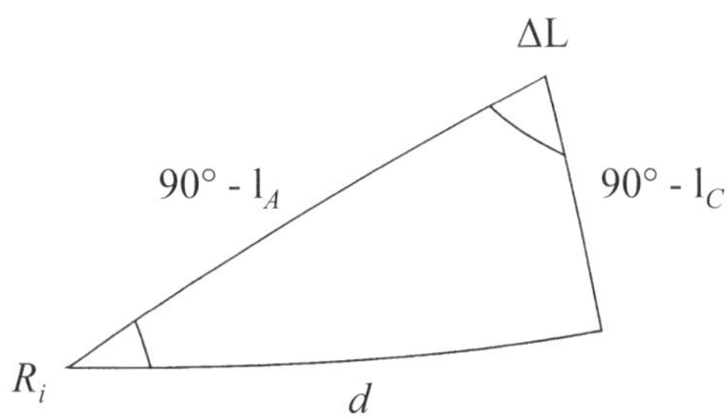

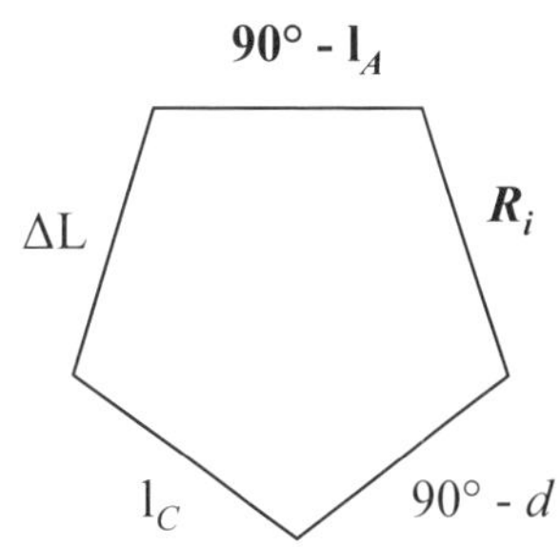

$$\cos l_C = \text{sen}\,(90° - l_A) \,.\, \text{sen}\, R_i = 0{,}95024 \,.\, 0{,}74895 = 0{,}71168 \Rightarrow l_C = 44°\ 37'\ 41''\ \text{N}$$

Cálculo de la longitud del punto C

$$\cos\,(90° - l_A) = \text{ctg}\,\Delta L \,.\, \text{ctg}\, R_i \Rightarrow \text{sen}\, l_A = \frac{1}{\text{tg}\,\Delta L . \text{tg}\, R_i} \Rightarrow \text{tg}\,\Delta L = \frac{1}{\text{sen}\, l_A . \text{tg}\, R_i} =$$

$$= \frac{1}{(-0{,}31150).1{,}13029} = -24{,}63944 \Rightarrow \Delta L = 92°\ 19'\ 27''$$

$$L_c = L_A + \Delta L = 49°\ 25' + 92°\ 19'\ 27'' \Rightarrow L_C = 141°\ 44'\ 27''\ \text{E}$$

19. **Hallar la distancia más corta entre:**

a) **Puerto Cabello (Venezuela) (10° 29' N, 63° 00' W) y Cádiz (España) (36° 30' N, 6° 20' W).**

b) **Palermo (Italia) (38°7' N, 13°22' E) y Bristol (Inglaterra) (51° 27' N, 2° 38' W).**

c) **Cádiz y Bristol.**

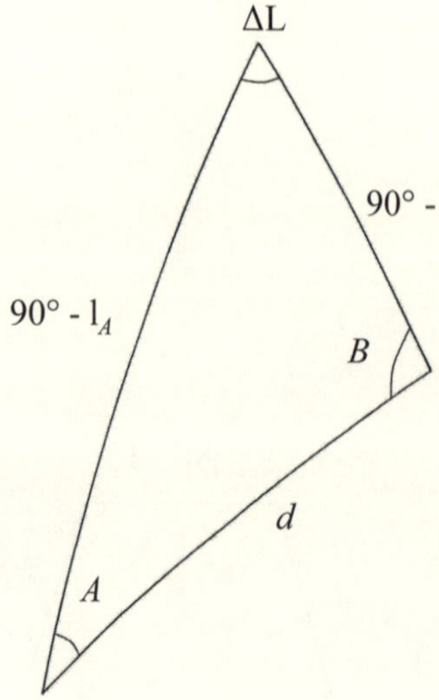

a) l_A = 10° 29' N $\quad$ l_B = 36° 30' N

L_A = 63° 00' W $\quad$ L_B = 6° 20' W

$\Delta L = L_B - L_A$ = (- 6° 20') – (- 68° 00') =

= 61° 40' E

Cálculo de la distancia entre A y B

$\cos d = \cos(90° - l_A) \cdot \cos(90° - l_B) +$

$+ \operatorname{sen}(90° - l_A) \cdot \operatorname{sen}(90° - l_B) \cdot \cos \Delta L =$

$= \operatorname{sen} l_A \cdot \operatorname{sen} l_B + \cos l_A \cdot \cos l_B \cdot \cos \Delta L =$

$= 0{,}18194 \cdot 0{,}59482 + 0{,}98330 \cdot 0{,}80385 \cdot 0{,}47460 =$

$= 0{,}48335 \Rightarrow$ d = 61°05'42" ≡ d = 3665,70 millas

b) l_C = 38° 07' N $\quad$ l_D = 51° 27' N

L_C = 13° 22' E $\quad$ L_D = 2° 38' W

$\Delta L = L_D - L_C$ = (- 2° 38') – (13° 22') = - 16° ⇒

⇒ ΔL = 16° W

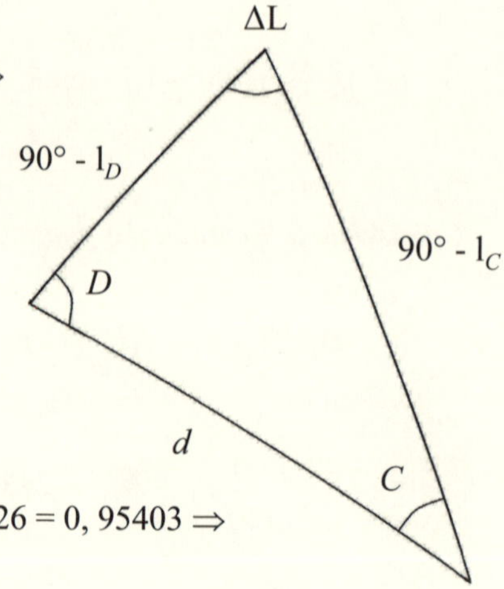

Cálculo de la distancia entre C y D

$\cos d = \cos(90° - l_C) \cdot \cos(90° - l_D) +$

$+ \operatorname{sen}(90° - l_C) \cdot \operatorname{sen}(90° - l_D) \cdot \cos \Delta L =$

$= \operatorname{sen} l_C \cdot \operatorname{sen} l_D + \cos l_C \cdot \cos l_D \cdot \cos \Delta L =$

$= 0{,}61726 \cdot 0{,}78206 + 0{,}78675 \cdot 0{,}62319 \cdot 0{,}96126 = 0{,}95403 \Rightarrow$

⇒ d = 17° 26' 21" ≡ d = 1046,34 millas

c) *Cálculo de la distancia entre B y D*

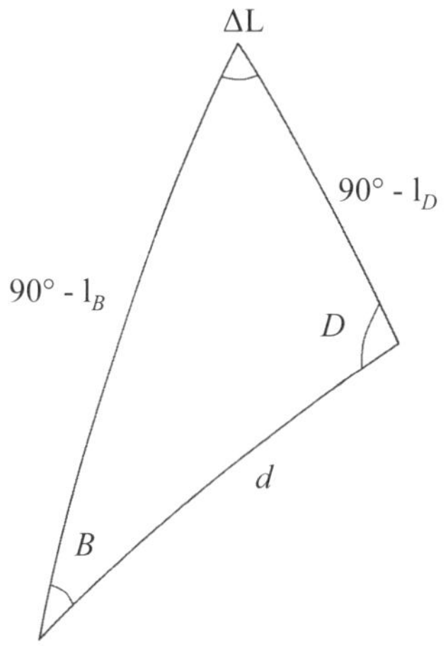

$\Delta L = L_D - L_B = (-\ 2°\ 38')-(-6°\ 20') = 3°\ 42'$ E

$\cos d = \cos(90° - l_B)\ .\ \cos(90° - l_D) +$

$+\ \mathrm{sen}\ (90° - l_B)\ .\ \mathrm{sen}\ (90° - l_D)\ .\ \cos \Delta L =$

$= \mathrm{sen}\ l_B\ .\ \mathrm{sen}\ l_D + \cos l_B\ .\ \cos l_D\ .\ \cos \Delta L =$

$= 0{,}59482\ .\ 0{,}78206 + 0{,}80385\ .\ 0{,}62319\ .\ 0{,}99791 =$

$= 0{,}96509 \Rightarrow d = 15°\ 11'\ 01'' \equiv d = 911{,}008$ millas

20. **Hallar la distancia a lo largo de una circunferencia máxima, el rumbo inicial y el rumbo final de un vuelo:**
    a) **Desde Boston (USA) (43° 23' N, 71° 03' W), hasta Monrovia (Liberia) (6° 20' N, 10° 49' W).**
    b) **Determinar el punto del recorrido en que la travesía corta al Ecuador, y hallar su distancia desde Monrovia.**

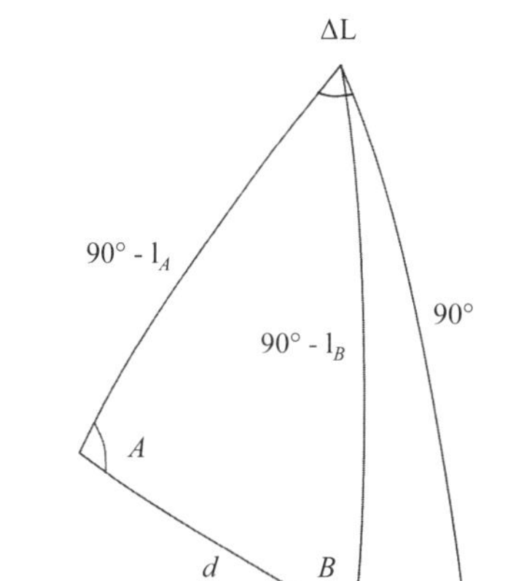

a) *Cálculo de la distancia*

$\Delta L = L_B - L_A = (-10°\ 49') - (-\ 71°\ 03') =$

$=\ 60°\ 14'$ E

$\cos d = \cos(90° - l_A)\ .\ \cos(90° - l_B) +$

$+\ \mathrm{sen}\ (90° - l_A)\ .\ \mathrm{sen}\ (90° - l_B)\ .\ \cos \Delta L =$

$= \mathrm{sen}\ l_A\ .\mathrm{sen}\ l_B + \cos l_A\ .\cos l_B\ .\cos \Delta L =$

$= 0{,}68687.\ 0{,}11031 + 0{,}72677\ .\ 0{,}99389\ .\ 0{,}49646 =$

$= 0{,}47437 \Rightarrow d = 64°\ 15'\ 16'' \equiv d = 3855{,}26$ millas

Cálculo del rumbo inicial

$$\text{ctg}\,(90° - l_B)\,.\,\text{sen}\,(90° - l_A) = \cos\,(90° - l_A)\,.\,\cos\Delta L + \text{sen}\,\Delta L\,.\,\text{ctg}\,A \Rightarrow$$

$$\Rightarrow \text{ctg}\,A = \frac{\text{tg}\,l_B \cos l_A - \text{sen}\,l_A \cos\Delta L}{\text{sen}\,\Delta L} = \frac{0{,}11098 . 0{,}72677 - 0{,}68687 . 0{,}49646}{0{,}86805} =$$

$$= -0{,}29992 \Rightarrow \text{tg}\,A = -3{,}33420 \Rightarrow A = 6°\,23'\,02'' \Rightarrow$$

$$\Rightarrow R_i = 106°\,41'\,42'' \text{ ó S } 73°\,18'\,18'' \text{ E}$$

Cálculo del rumbo final

$$\text{ctg}\,(90° - l_A)\,.\,\text{sen}\,(90° - l_B) = \cos\,(90° - l_B)\,.\,\cos\Delta L + \text{sen}\,\Delta L\,.\,\text{ctg}\,B \Rightarrow$$

$$\Rightarrow \text{ctg}\,B = \frac{\text{tg}\,l_A \cos l_B - \text{sen}\,l_B \cos\Delta L}{\text{sen}\,\Delta L} = \frac{0{,}94510 . 0{,}99389 - 0{,}11031 . 0{,}49646}{0{,}86805} =$$

$$= 1{,}01902 \Rightarrow \text{tg}\,B = 0{,}98133 \Rightarrow B = 44°\,27'\,37'' \Rightarrow$$

$$\Rightarrow R_f = 135°\,32'\,23'' \text{ ó S } 44°\,27'\,37'' \text{ E}$$

b)

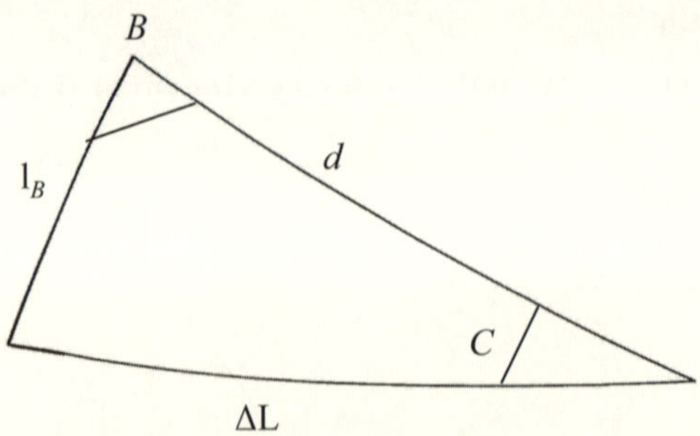

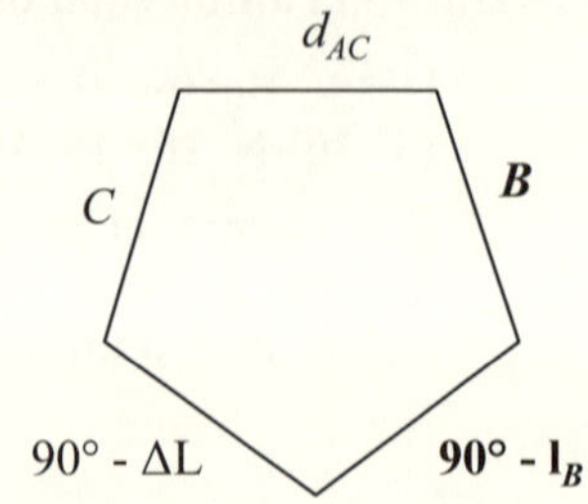

Cálculo de la longitud del punto C

$$\cos\,(90° - l_B) = \text{ctg}\,(90° - \Delta L)\,.\,\text{ctg}\,B \Rightarrow \text{sen}\,l_B = \frac{\text{tg}\,\Delta L}{\text{tg}\,B} \Rightarrow$$

$$\Rightarrow \text{tg}\,\Delta L = \text{sen}\,l_B\,.\,\text{tg}\,B = 0{,}11031\,.\,0{,}98133 = 0{,}10825 \Rightarrow \Delta L = 6°\,10'\,41''$$

$$L_C = L_B + \Delta L = (-10°\,49') + 6°\,10'\,41'' \Rightarrow L_C = 4°\,38'\,18'' \text{ W}$$

Cálculo de la distancia de C a Monrovia

$$\cos B = \text{ctg}\,d\,.\,\text{ctg}\,(90° - l_B) = \frac{\text{tg}\,l_B}{\text{tg}\,d} \Rightarrow \text{tg}\,d = \frac{\text{tg}\,l_B}{\cos B} = \frac{0{,}11098}{0{,}71373} =$$

$$= 0{,}15549 \Rightarrow d = 8°\,50'\,18'' \equiv d = 530{,}29 \text{ millas}$$

21. **Un aeroplano sale de Alicante (38°20'N, 0°29'W) con un rumbo N 40°43' W.**

a) **Localizar el punto del recorrido más próximo al polo norte.**

b) **Hallar la posición cuando la longitud es 74° 0' W.**

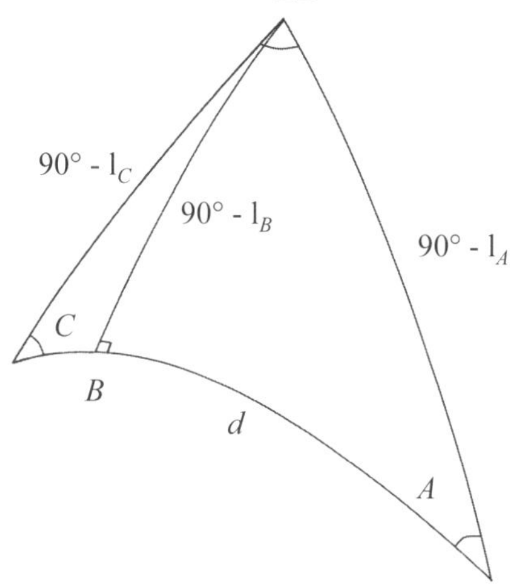

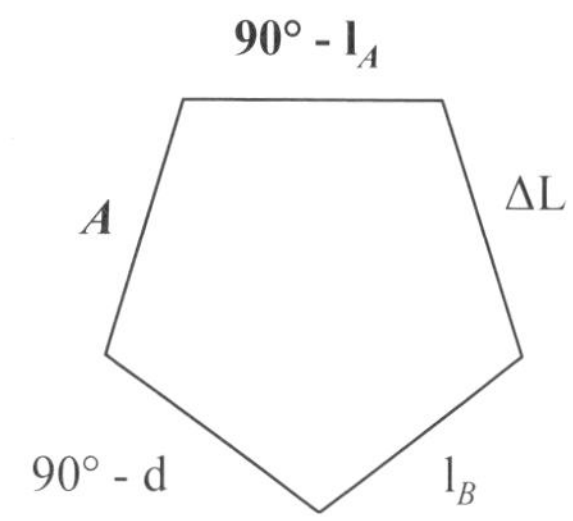

a) *Cálculo de la latitud del punto B*

$\cos l_B = \operatorname{sen}(90° - l_A) . \operatorname{sen} A = \cos l_A . \operatorname{sen} A = 0{,}78441 . 0{,}65231 = 0{,}51167 \Rightarrow$

$\Rightarrow l_B = 59° \; 13' \; 27'' \text{ N}$

Cálculo de la longitud del punto B

$$\cos(90° - l_A) = \operatorname{ctg} \Delta L . \operatorname{ctg} A \Rightarrow \operatorname{sen} l_A = \frac{1}{\operatorname{tg} \Delta L . \operatorname{tg} A} \Rightarrow \operatorname{tg} \Delta L = \frac{1}{\operatorname{sen} l_A . \operatorname{tg} A} =$$

$$= \frac{1}{0{,}62023 . 0{,}86064} = 1{,}87337 \Rightarrow \Delta L = 61° \; 54' \; 25'' \text{ W}$$

$L_B = L_A + \Delta L = (-0° \; 29') + (-61° \; 54' \; 25'') = -62° \; 23' \; 25'' \Rightarrow L_B = 62° \; 23' \; 25'' \text{ W}$

b) *Cálculo de la latitud de C*

$\Delta L = L_C - L_A = (-74°) - (-0° \; 29') = -73° \; 31' \Rightarrow \Delta L = 73° \; 31' \text{ W}$

$\operatorname{ctg}(90° - l_C) . \operatorname{sen}(90° - l_A) = \cos(90° - l_A) . \cos \Delta L + \operatorname{sen} \Delta L . \operatorname{ctg} A \Rightarrow$

$$\Rightarrow \operatorname{ctg}(90° - l_C) = \operatorname{tg} l_C = \frac{\operatorname{sen} l_A \cos \Delta L + \dfrac{\operatorname{sen} \Delta L}{\operatorname{tg} A}}{\cos l_A} = \frac{0{,}62023 . 0{,}28373 - \dfrac{0{,}95890}{0{,}86064}}{0{,}78441} =$$

$= 1{,}64473 \Rightarrow l_C = 58° \; 42' \; 01'' \text{ N}$

22. **Un barco parte de un punto *A* (15° 20' N, 40° 15'W). Después de haber navegado 728 millas hacia el este a través de un arco de circunferencia máximo, realiza las observaciones pertinentes y comprueba que se encuentra en latitud 3° 45' N. Hallar el rumbo que ha tomado para realizar la travesía y la longitud del punto en el que se encuentra.**

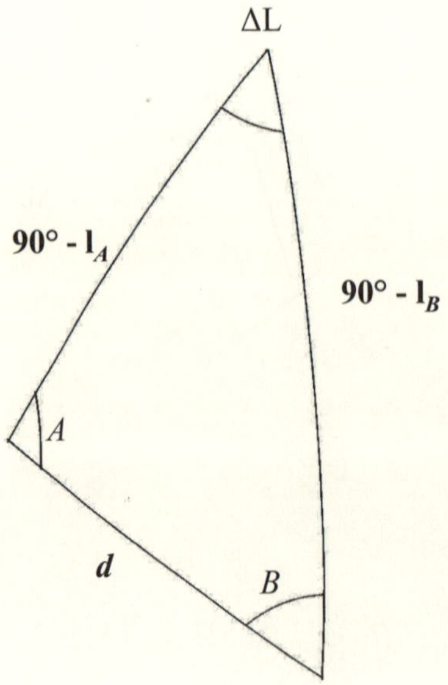

$d = 728 \text{ millas} \equiv 12° \ 08'$

Cálculo del rumbo R_i

$$\cos(90° - l_B) = \cos(90° - l_A) \cdot \cos d + \sin(90° - l_A) \cdot \text{sen}\, d \cos A$$

$$\cos A = \frac{\text{sen}\, l_B - \text{sen}\, l_A \cos d}{\cos l_A \, \text{sen}\, d} =$$

$$= \frac{0{,}06540 - 0{,}26443.0{,}97766}{0{,}96440.0{,}21018} = -0{,}95276 \Rightarrow$$

$\Rightarrow R_i = 162° \ 19' \ 08''$ ó S 17° 40' 51'' W

Cálculo de la longitud de B

$$\cos d = \cos(90° - l_A) \cdot \cos(90° - l_B) + \text{sen}(90° - l_A) \cdot \text{sen}(90° - l_B) \cdot \cos \Delta L$$

$$\cos \Delta L = \frac{\cos d - \text{sen}\, l_A . \text{sen}\, l_B}{\cos l_A . \cos l_B} = \frac{0{,}97766 - 0{,}26443.0{,}06540}{0{,}96440.0{,}99785} = 0{,}99796 \Rightarrow$$

$\Rightarrow \Delta L = 3° \ 39' \ 27''$ E

$L_B = L_A + \Delta L = -40° \ 15' + 3° \ 39' \ 27'' = -36° \ 35' \ 32'' \equiv 36° \ 35' \ 32''$ W

23. **Un barco parte de un punto *A* (l_A = 23° 20' S, L_A = 24° 15' E) con un rumbo N 3° 45'W. Después de un periodo de tiempo, comprueba que ha habido una variación de longitud de 125°. Hallar el punto *B* al que se ha llegado, y la distancia entre *A* y *B*.**

Cálculo de la latitud de B

$$\text{ctg}(90° - l_B) \cdot \text{sen}(90° - l_A) = \cos(90° - l_A) \cdot \cos \Delta L + \text{sen}\, \Delta L \cdot \text{ctg}\, A \Rightarrow$$

$$\Rightarrow \operatorname{ctg}(90° - l_B) = \operatorname{tg} l_B = \frac{\operatorname{sen} l_A \cos \Delta L + \dfrac{\operatorname{sen} \Delta L}{\operatorname{tg} A}}{\cos l_A} = \frac{-0{,}39607.(-0{,}57357) + \dfrac{0{,}81915}{0{,}06554}}{0{,}91821} =$$

$= 13{,}85919 \Rightarrow l_B = 85°\ 52'\ 23''$ N

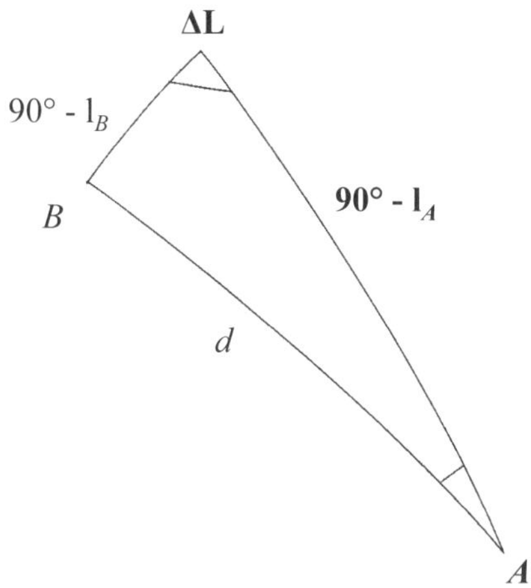

Cálculo de la longitud de B

$L_B = L_A + \Delta L = 24°\ 15' + (-125°) =$

$= -\ 100°\ 45'' \Rightarrow L_B = 100°\ 45'$ W

Cálculo de la distancia

$\operatorname{ctg} d \,.\, \operatorname{sen}(90° - l_A) = \cos(90° - l_A) \,.\, \cos A +$

$+ \operatorname{sen} A .\ \operatorname{ctg} \Delta L \Rightarrow$

$$\Rightarrow \operatorname{ctg} d = \frac{\operatorname{sen} l_A . \cos A + \dfrac{\operatorname{sen} A}{\operatorname{tg} \Delta L}}{\cos l_A} = \frac{-0{,}39607.0{,}99785 + \dfrac{0{,}06540}{-1{,}42814}}{0{,}91821} = -0{,}48029 \Rightarrow$$

$\Rightarrow \operatorname{tg} d = -2{,}08205 \Rightarrow d = 115°\ 39'\ 17'' \equiv d = 6939{,}28$ millas

24. **Un barco parte de un punto *A* cuya longitud es 140° 17' E a través de un arco de circunferencia máximo con rumbo N 18° 27' W. Tras entrar en un punto *B* con un ángulo de 118° 37', comprueba que se encuentra en 75° 22' de longitud este. Hallar las latitudes de los puntos *A* y *B* y la distancia entre ellos.**

$\Delta L = L_B - L_A = 75°\ 22' - 140°\ 17' = -\ 64°\ 55' \equiv$

$\equiv 64°\ 55'$ W

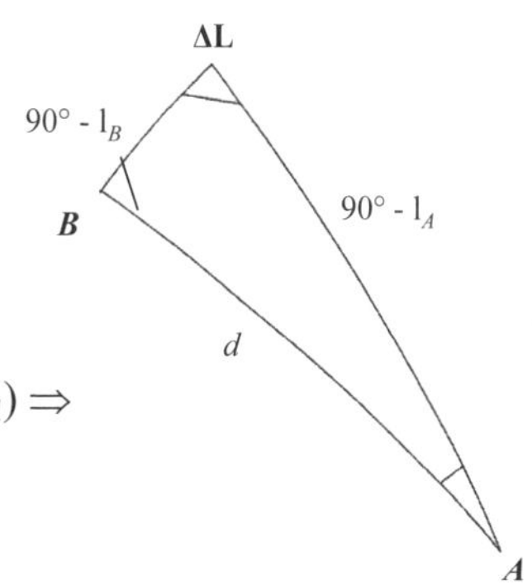

Cálculo de la latitud de A

$\cos B = -\cos A . \cos \Delta L + \operatorname{sen} A . \operatorname{sen} \Delta L . \cos(90° - l_A) \Rightarrow$

$$\Rightarrow \operatorname{sen} l_A = \frac{\cos B + \cos A . \cos \Delta L}{\operatorname{sen} A . \operatorname{sen} \Delta L} =$$

$$= \frac{-0{,}47894 + 0{,}94860.0{,}42393}{0{,}31647.0{,}90569} = -0{,}26797 \Rightarrow l_A = 15°\ 32'\ 37''\ \text{S}$$

Cálculo de la latitud de B

$$\cos A = -\cos B \cdot \cos \Delta L + \operatorname{sen} B \cdot \operatorname{sen} \Delta L \cdot \cos (90° - l_B) \Rightarrow$$

$$\Rightarrow \operatorname{sen} l_B = \frac{\cos A + \cos B . \cos \Delta L}{\operatorname{sen} B . \operatorname{sen} \Delta L} = \frac{0{,}94860 + (-0{,}47894).0{,}42393}{0{,}87784.0{,}90569} = 0{,}93775 \Rightarrow$$

$$\Rightarrow l_B = 69° \, 40' \, 40'' \text{ N}$$

Cálculo de la distancia

$$\cos \Delta L = -\cos A \cdot \cos B + \operatorname{sen} A \cdot \operatorname{sen} B \cdot \cos d \Rightarrow$$

$$\Rightarrow \cos d = \frac{\cos \Delta L + \cos A . \cos B}{\operatorname{sen} A . \operatorname{sen} B} = \frac{0{,}42393 + 0{,}94860.(-0{,}47894)}{0{,}31647.0{,}87784} = -0{,}10940 \Rightarrow$$

$$\Rightarrow d = 96° \, 16' \, 50'' \equiv d = 5776{,}84 \text{ millas}$$

25. **Partiendo de un punto *A* desconocido, se navega por círculo máximo 250 millas con rumbo 042° 23', llegando a un punto *B* en el que se comprueba que su longitud es 12° 21' W, y que ha habido una variación de longitud de 45°. Hallar el punto del que se ha salido.**

$d = 250$ millas $\equiv 4° \, 10'$

Como entre los datos que da el ejercicio se encuentran un ángulo y su lado opuesto, en primer lugar hay que hacer la discusión, para ver si el problema tiene solución, o no, y en caso de tenerla, en qué cuadrante se encuentra.

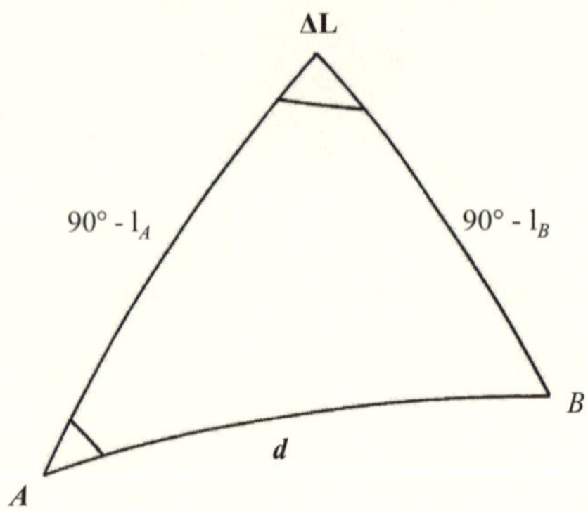

Discusión

$d < 90°$;

$A + \Delta L < 180° \Rightarrow (90° - l_B) + d < 180°$;

$A < \Delta L \Rightarrow (90° - l_B) < d \Rightarrow (90° - l_B) < 90°$

Cálculo de la latitud de B

$$\frac{\operatorname{sen}(90° - l_B)}{\operatorname{sen} A} = \frac{\operatorname{sen} d}{\operatorname{sen} \Delta L} \Rightarrow$$

$\Rightarrow$ sen (90° - l_B) = cos l_B = $\dfrac{\text{sen } A.\text{sen } d}{\text{sen}\Delta L} = \dfrac{0,67408.0,07265}{0,70710} = 0,06925 \Rightarrow$

$\Rightarrow l_B$ = 86° 01' 43" N

Cálculo de la latitud de A

$\frac{1}{2}(\Delta L + A) = 43° 41' 30"$ $\frac{1}{2}[d + (90° - l_B)] = 4° 04' 08"$

$\frac{1}{2}(\Delta L - A) = 1° 18' 30"$ $\frac{1}{2}[d - (90° - l_B)] = 0° 05' 51"$

$$\text{tg}\frac{1}{2}(90° - l_A) = \frac{\text{tg}\frac{1}{2}[d + (90° - l_B)]\cos\frac{1}{2}(\Delta L + A)}{\cos\frac{1}{2}(\Delta L - A)} = \frac{0,07113.0,72306}{0,99973} = 0,05144 \Rightarrow$$

$\Rightarrow \frac{1}{2}(90° - l_A)$ = 2° 56' 41" $\Rightarrow$ 90° - l_A = 5° 53' 23" $\Rightarrow$ l_A = 84° 06' 36" N

Cálculo de la longitud de A

$L_A = L_B - \Delta L$ = (-12° 21') - 45° = -57° 21' $\Rightarrow$ L_A = 57° 21' W

26. **Un barco inicia una travesía por círculo máximo entre los puntos *A* (l_A = 45° 22' N, L_A = 124° 35' E) y *B* (l_B = 76° 45' N, L_B = 21° 09' W) pero, debido a los hielos, no quiere sobrepasar la latitud 80° N. Hallar la trayectoria mixta debe realizar, y las millas de más que ha navegado al tomar dicha trayectoria.**

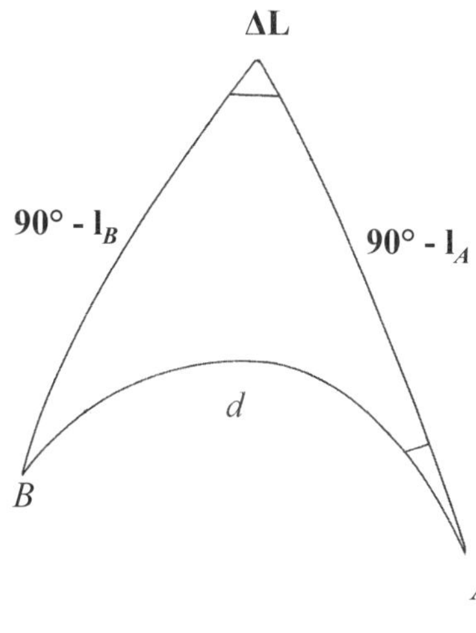

TRAYECTORIA POR CÍRCULO MÁXIMO

Cálculo de la distancia

$\Delta L = L_B - L_A$ = (-21° 09') – 124° 35' =

= -145° 44' ≡145° 44' W

cos d = cos (90° - l_A) . cos (90° - l_B) +

+ sen (90° - l_A) . sen (90° - l_B) . cos ΔL $\Rightarrow$

$\Rightarrow \cos d = \text{sen } l_A \,.\, \text{sen } l_B + \cos l_A \,.\, \cos l_B \,.\, \cos \Delta L =$

$= 0{,}71161 \,.\, 0{,}97337 + 0{,}70256 \,.\, 0{,}22920 \,.\, (-0{,}82642) = 0{,}55958 \Rightarrow d = 55° \; 58' \; 22'' \equiv$

$\equiv d = \; 3358{,}37$ millas

Cálculo del rumbo inicial

$\text{ctg } (90° - l_B) \,.\, \text{sen } (90° - l_A) = \cos (90° - l_A) \,.\, \cos \Delta L + \text{sen } \Delta L \,.\, \text{ctg } A \Rightarrow$

$$\Rightarrow \text{ctg } A = \frac{\text{tg } l_B \cos l_A - \text{sen } l_A \cos \Delta L}{\text{sen } \Delta L} = \frac{4{,}24684.0{,}70256 - 0{,}71161.(-0{,}82642)}{0{,}56304} =$$

$= 6{,}34368 \Rightarrow \text{tg } A = 0{,}15763 \Rightarrow A = 8° \; 57' \; 29'' \Rightarrow$

$\Rightarrow R_i = 351° \; 02' \; 31''$ ó N 8° 57' 29" W

TRAYECTORIA MIXTA

Discusión para ver si hay que realizar trayectoria mixta

$A < 90°; \;\; (90° - l_A) + (90° - l_C) \; = 54° \; 38' < 180° \Rightarrow C + B < 180°;$

$$(90° - l_C) < (90° - l_A) \; \Rightarrow A < C \Rightarrow \begin{matrix} C_1 < 90° \\ C_2 > 90° \end{matrix}$$

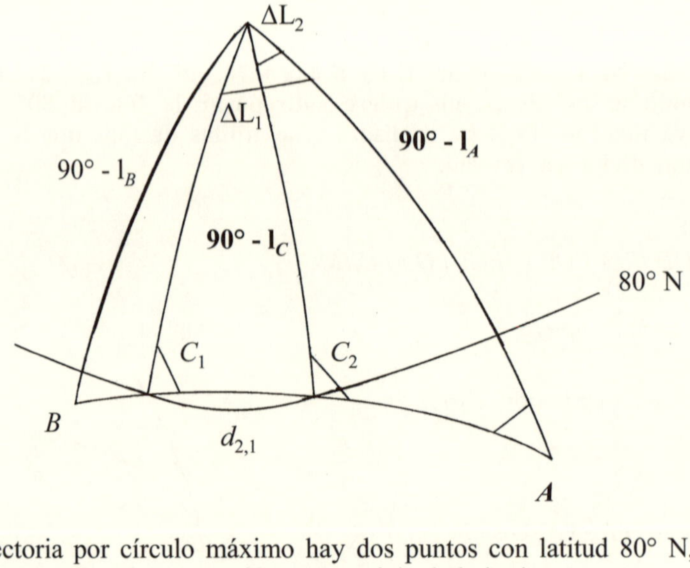

En la trayectoria por círculo máximo hay dos puntos con latitud 80° N, entre los cuales hay que realizar la navegación por paralelo de latitud.

Cálculo del ángulo C

$$\text{sen}\, C = \frac{\text{sen}\, A.\cos l_A}{\cos l_C} = \frac{0{,}15571.0{,}70256.}{0{,}17364} = 0{,}62998 \Rightarrow \begin{matrix} C_1 = 39°\ 02'\ 56'' \\ C_2 = 140°\ 57'\ 03'' \end{matrix}$$

Como se puede apreciar en el gráfico, al primer punto de latitud 80° N por el que se pasa, le corresponde el ángulo C_2, por lo que se empieza con el cálculo de ΔL_2 y d_{AC_2}

$$\frac{1}{2}\left[(90° - l_A) + (90° - l_C)\right] = 27°\ 19' \qquad \frac{1}{2}(C_2 + A) = 74°\ 57'\ 16''$$

$$\frac{1}{2}\left[(90° - l_A) - (90° - l_C)\right] = 17°\ 19' \qquad \frac{1}{2}(C_2 - A) = 65°\ 59'\ 47''$$

Cálculo de ΔL_2

$$\text{tg}\frac{1}{2}\Delta L_2 = \frac{\cos\frac{1}{2}\left[(90° - l_A) - (90° - l_C)\right]}{\cos\frac{1}{2}\left[(90° - l_A) + (90° - l_C)\right].\text{tg}\frac{1}{2}(C_2 + A)} = \frac{0{,}95467}{0{,}88848.3{,}72021} = 0{,}28882 \Rightarrow$$

$$\Rightarrow \frac{1}{2}\Delta L_2 = 16°\ 06'\ 35'' \Rightarrow \Delta L_2 = 32°\ 13'\ 10''\ \text{W}$$

$$L_{C_2} = L_A + \Delta L_2 = 124°\ 35' + (-\ 32°\ 13'\ 10'') = 92°\ 21'\ 49'' \equiv 92°\ 21'\ 49''\ \text{E}$$

Cálculo de la distancia d_{AC_2}

$$\text{tg}\frac{1}{2}d_{AC_2} = \frac{\text{tg}\frac{1}{2}\left[(90° - l_A) + (90° - l_C)\right].\cos\frac{1}{2}(C_2 + A)}{\cos\frac{1}{2}(C_2 - A)} = \frac{0{,}51650.0{,}25958}{0{,}40679} = 0{,}32959 \Rightarrow$$

$$\Rightarrow \frac{1}{2}d_{AC_2} = 18°\ 14'\ 30'' \Rightarrow d_{AC_2} = 36°\ 29'\ 01'' \equiv 2189{,}01\ \text{millas}$$

Cálculo de ΔL_1

$$\frac{1}{2}(C_1 + A) = 24°\ 00'\ 12'' \qquad \frac{1}{2}(C_1 - A) = 15°\ 02'\ 43''$$

$$\operatorname{tg}\frac{1}{2}\Delta L_1 = \frac{\cos\frac{1}{2}\left[(90^\circ - l_A) - (90^\circ - l_C)\right]}{\cos\frac{1}{2}\left[(90^\circ - l_A) + (90^\circ - l_C)\right].\operatorname{tg}\frac{1}{2}(C_1 + A)} = \frac{0{,}95467}{0{,}88848.0{,}44529} = 2{,}41301 \Rightarrow$$

$$\Rightarrow \frac{1}{2}\Delta L_1 = 67^\circ\ 29'\ 23'' \Rightarrow \Delta L_1 = 134^\circ\ 58'\ 47''\ W$$

$$L_{C_1} = L_A + \Delta L_1 = 124^\circ\ 35' + (-\ 134^\circ\ 58'\ 47'') = -10^\circ\ 23'\ 47'' \equiv 10^\circ\ 23'\ 47''\ W$$

Cálculo de la distancia entre C_2 y C_1 por paralelo de latitud

$$\Delta L_3 = L_{C_1} - L_{C_2} = (-10^\circ\ 23'\ 47'') - 92^\circ\ 21'\ 49'' = -102^\circ\ 45'\ 36'' \equiv 102^\circ\ 45'\ 36''\ W \equiv$$

$$\equiv 6165{,}6 \text{ millas W}$$

$$d_{C_2C_1} = p = \Delta L_3 \,.\, \cos l_C = 6165{,}6 \,.\, 0{,}17364 = 1070{,}64 \text{ millas}$$

Cálculo de la distancia de C_1 a B por círculo máximo

$$\Delta L_4 = L_B - L_{C_1} = -21^\circ\ 09' - (-10^\circ\ 23'\ 47'') = -10^\circ\ 45'\ 13'' \equiv 10^\circ\ 45'\ 13''\ W$$

$$\cos d_{C_1B} = \cos(90^\circ - l_B) \,.\, \cos(90^\circ - l_C) + \operatorname{sen}(90^\circ - l_B) \,.\, \operatorname{sen}(90^\circ - l_C) \,.\, \cos \Delta L =$$

$$= \operatorname{sen} l_B \,.\, \operatorname{sen} l_C + \cos l_B \,.\, \cos l_C \,.\, \cos \Delta L =$$

$$= 0{,}97337 \,.\, 0{,}98480 + 0{,}22920 \,.\, 0{,}17364 \,.\, 0{,}98243 = 0{,}99767 \Rightarrow$$

$$\Rightarrow d_{C_1B} = 3^\circ\ 54'\ 31'' \equiv 234{,}52 \text{ millas}$$

$$d_{\text{MIXTA}} = d_{AC_2} + d_{C_2C_1} + d_{C_1B} = 2189{,}01 \text{ m.} + 1070{,}64 \text{ m.} + 234{,}52 \text{ m.} = 3494{,}17 \text{ m.}$$

Diferencia = $d_{\text{MIXTA}} - d_{\text{CIR. MÁXIMO}}$ = 3494,17 m. – 3358,37 m. = 135,8 millas

27. **Partiendo de un punto *A* desconocido, se navega por círculo máximo 1750 millas hacia el este, después de lo cual se entra en un punto *B* (l_B = 32° 53' N, L_B = 140° 25'W) con un ángulo de 121° 15'. Hallar el punto del que se ha salido.**

d = 1750 millas ≡ 29° 10'

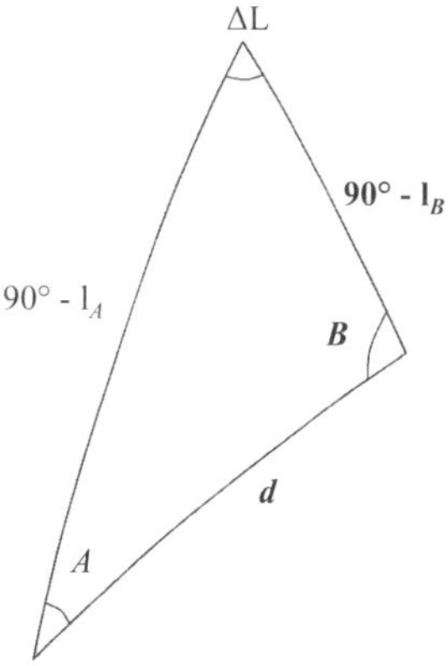

Cálculo de la latitud de A

$$\cos(90° - l_A) = \cos(90° - l_B) \cdot \cos d + \sin(90° - l_B) \cdot \sin d \cdot \cos B$$

$$\text{sen}\, l_A = \text{sen}\, l_B \cdot \cos d + \cos l_B \cdot \text{sen}\, d \cdot \cos B =$$

$$= 0{,}54293 \cdot 0{,}87320 + 0{,}83977 \cdot 0{,}48735 \cdot (-0{,}51877) =$$

$$= 0{,}26177 \Rightarrow l_A = 15° \; 10' \; 31'' \text{ N}$$

Cálculo de la longitud de A

$$\text{ctg}\, d \cdot \text{sen}\,(90° - l_B) = \cos(90° - l_B) \cdot \cos B + \text{sen}\, B \;\text{ctg}\, \Delta L \Rightarrow$$

$$\Rightarrow \text{ctg}\, \Delta L = \frac{\dfrac{\cos l_B}{\text{tg}\, d} - \text{sen}\, l_B \cdot \cos B}{\text{sen}\, B} = \frac{\dfrac{0{,}83977}{0{,}55811} - 0{,}54293 \cdot (-0{,}51877)}{0{,}85491} = 2{,}08948 \Rightarrow$$

$$\Rightarrow \text{tg}\, \Delta L = 0{,}47858 \Rightarrow \Delta L = 25° \; 34' \; 30'' \text{ E}$$

$$L_A = L_B - \Delta L = -140° \; 25' - 25° \; 34' \; 30'' = -165° \; 59' \; 30'' \Rightarrow L_A = 165° \; 59' \; 30'' \text{ W}$$

28. **Un buque sale de un punto *A* de longitud 23° 20' E y después de haber realizado una travesía por círculo máximo, entra en un punto *B* (38° 03' N, 40° 20'W) con un ángulo de 103° 15'. Hallar la latitud del punto *A* y la distancia entre *A* y *B*.**

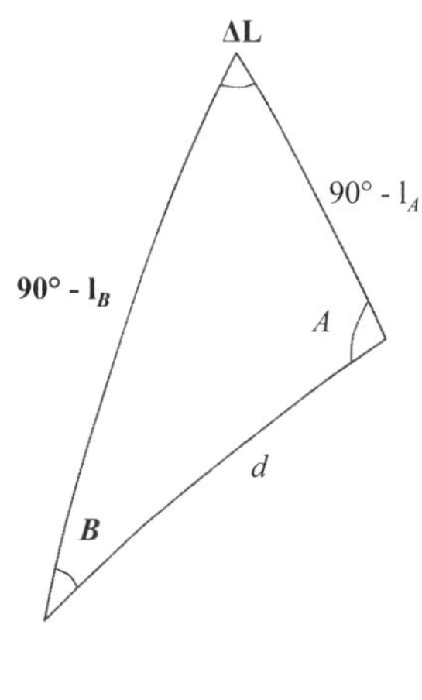

Cálculo de la latitud de A

$$\text{ctg}\,(90° - l_A) \cdot \text{sen}\,(90° - l_B) = \cos(90° - l_B) \cdot \cos \Delta L + \text{sen}\, \Delta L \;\text{ctg}\, B \Rightarrow$$

$$\Rightarrow \text{tg } l_A = \frac{\text{sen } l_B . \cos \Delta L + \dfrac{\text{sen } \Delta L}{\text{tg } B}}{\cos l_B} = \frac{0{,}61634.0{,}44281 + \dfrac{0{,}89661}{-4{,}24684}}{0{,}78747} = 0{,}07847 \Rightarrow$$

$\Rightarrow l_A = 4° \; 29' \; 13''$

Cálculo de la distancia

$\text{ctg } d \, . \, \text{sen } (90° - l_B) = \cos (90° - l_B) \, . \, \cos B + \text{sen } B \text{ ctg } \Delta L \Rightarrow$

$$\Rightarrow \text{ctg } d = \frac{\text{sen } l_B . \cos B + \dfrac{\text{sen } B}{\text{tg } \Delta L}}{\cos l_B} = \frac{0{,}61634.(-0{,}22920) + \dfrac{0{,}97337}{2{,}02482}}{0{,}78747} = 0{,}43106 \Rightarrow$$

$\Rightarrow \text{tg } d = 2{,}31981 \Rightarrow d = 66° \; 40' \; 50'' \equiv 4000{,}83$ millas

29. **Saliendo de un punto *A* con rumbo S 51° 54' E y después de haber recorrido 3911 millas por círculo máximo, se llega a un punto *B* con un ángulo de 48° 40'. Hallar las latitudes de los puntos *A* y *B* y la variación de longitud entre ellos.**

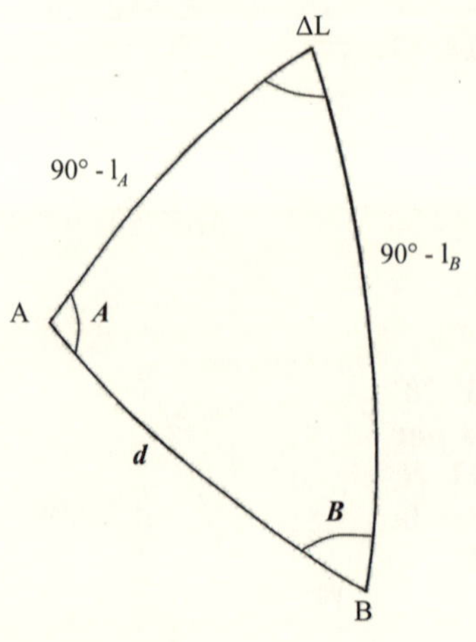

$A = 180° - 51° \; 54' = 128° \; 09'$

$d = 3911 \text{ millas} \equiv 65° \; 11'$

Cálculo de la latitud de A

$\text{ctg } (90° - l_A). \text{ sen } d = \cos d \, . \, \cos A + \text{sen } A \text{ ctg } B \Rightarrow$

$$\Rightarrow \text{tg } l_A = \frac{\cos d . \cos A + \dfrac{\text{sen } A}{\text{tg } B}}{\text{sen } d} =$$

$$= \frac{0{,}41971.(-0{,}61703) + \dfrac{0{,}78693}{1{,}13694}}{0{,}90765} = 0{,}47724 \Rightarrow$$

$\Rightarrow \quad l_A = 25° \; 30' \; 45''$ N

Cálculo de la latitud de B

$$\text{ctg } (90° - l_B). \text{ sen } d = \cos d \, . \, \cos B + \text{sen } B \text{ ctg } A \Rightarrow \text{tg } l_B = \frac{\cos d . \cos B + \dfrac{\text{sen } B}{\text{tg } A}}{\text{sen } d} =$$

$$= \frac{0{,}41971 . 0{,}66043 + \dfrac{0{,}75088}{-1{,}27534}}{0{,}90765} = -0{,}34328 \Rightarrow l_B = -18^\circ\ 56'\ 47'' \Rightarrow$$

$$\Rightarrow l_B = 18^\circ\ 56'\ 47''\ S$$

Cálculo de la variación de longitud

$$\cos \Delta L = -\cos A . \cos B + \text{sen}\ A . \text{sen}\ B . \cos d =$$

$$= (-0{,}61703) . 0{,}66043 + 0{,}78693 . 0{,}75088 . 0{,}41971 = 0{,}65550 \Rightarrow$$

$$\Rightarrow \Delta L = 49^\circ\ 02'\ 30''\ E$$

30. **Un buque sale de un punto *A* con rumbo 162° 12' y después de haber realizado una travesía por círculo máximo, llega a un punto *B* de latitud 67° 15' N, comprobando que ha habido una variación de longitud de 48° 23' E. Hallar la latitud del punto *A* y la distancia entre *A* y *B*.**

Entre los datos que da el ejercicio se encuentran un ángulo y su lado opuesto, por lo que, en primer lugar hay que hacer la discusión.

Discusión

$\mathbf{(90^\circ - l_B) < 90^\circ}$; $A + \Delta L > 180^\circ \Rightarrow (90^\circ - l_B) + d > 180^\circ$;

$\Delta L < A \Rightarrow d < (90^\circ - l_B) \Rightarrow \mathbf{d < 90^\circ}$

Imposible ya que la suma de dos ángulos menores de 90° no puede dar un resultado mayor de 180°

31. **Un avión sale de un punto *A* (38° 03' N, 40° 20'W) con un rumbo N 23° 20' E. Tras haber realizado una travesía por círculo máximo, entra en un punto *B* con un ángulo de 43° 15'. Hallar la posición de *B* y su distancia al punto *A*.**

Entre los datos que da el ejercicio se encuentran un ángulo y su lado opuesto, por lo que, en primer lugar hay que hacer la discusión.

Discusión

$(90° - l_A) < 90°;\ A + B < 180° \Rightarrow (90° - l_A) + (90° - l_B) < 180°;$

$A < B \Rightarrow (90° - l_B) < (90° - l_A) \Rightarrow (90° - l_B) < 90°$

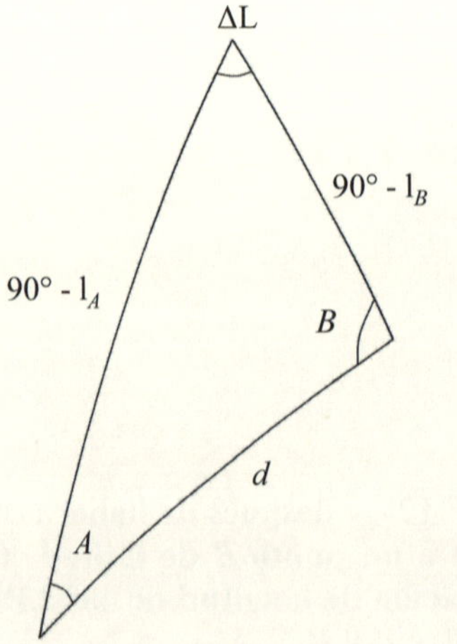

Cálculo de la latitud de B

$$\frac{\text{sen}(90° - l_B)}{\text{sen}\,A} = \frac{\text{sen}(90° - l_A)}{\text{sen}\,B} \Rightarrow$$

$$\Rightarrow \cos l_B = \frac{\text{sen}\,A.\cos l_A}{\text{sen}\,B} = \frac{0{,}39607.0{,}78747}{0{,}68518} =$$

$$= 0{,}45519 \Rightarrow l_B = 62°\ 55'\ 20''\ \text{N}$$

$$\frac{1}{2}\left[(90° - l_A) + (90° - l_B)\right] = 39°\ 30'\ 50'' \qquad \frac{1}{2}(B + A) = 33°\ 17'\ 30''$$

$$\frac{1}{2}\left[(90° - l_A) - (90° - l_B)\right] = 12°\ 26'\ 10'' \qquad \frac{1}{2}(B - A) = 9°\ 57'\ 30''$$

Cálculo de ΔL

$$\text{tg}\frac{1}{2}\Delta L = \frac{\cos\frac{1}{2}\left[(90° - l_A) - (90° - l_B)\right]}{\cos\frac{1}{2}\left[(90° - l_A) + (90° - l_B)\right].\text{tg}\frac{1}{2}(B + A)} = \frac{0{,}97653}{0{,}77147.0{,}65666} = 1{,}92761 \Rightarrow$$

$$\Rightarrow \frac{1}{2}\Delta L = 62°\ 34'\ 50'' \Rightarrow \Delta L = 125°\ 09'\ 41''\ \text{E}$$

$$L_B = L_A + \Delta L = -40°\ 20' + 125°\ 09'\ 41'' = 84°\ 49'\ 41''\ \text{E}$$

Cálculo de la distancia

$$\operatorname{tg}\frac{1}{2}d = \frac{\operatorname{tg}\frac{1}{2}[(90^\circ - l_A) + (90^\circ - l_B)].\cos\frac{1}{2}(B + A)}{\cos\frac{1}{2}(B - A)} = \frac{0{,}82474.0{,}83596}{0{,}98493} = 0{,}69999 \Rightarrow$$

$$\Rightarrow \frac{1}{2}d = 34^\circ\ 59'\ 30'' \Rightarrow d = 69^\circ\ 59'\ 01'' \equiv 4199{,}02 \text{ millas}$$

32. **Un barco sale de *A* (35° 14' S, 42° 13' E) para ir a *B* (57° 36' N, 115° 47' W), y no quiere sobrepasar la latitud 60° N. Estudiar la trayectoria mixta y ver la diferencia entre ésta y la directa.**

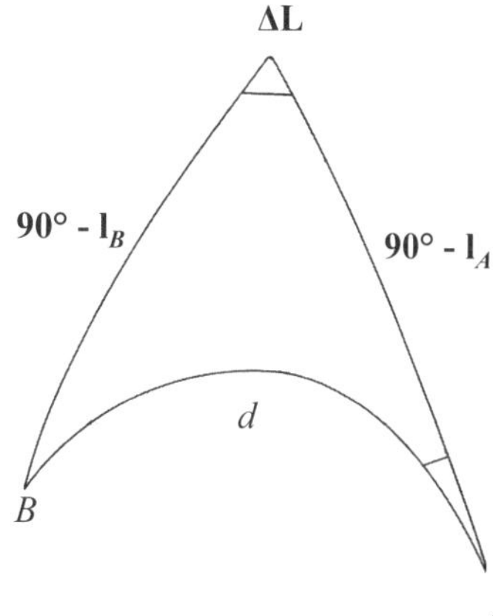

TRAYECTORIA DIRECTA

Cálculo de la distancia

$\Delta L = L_B - L_A = (-115^\circ\ 47') - 42^\circ\ 13' = -158^\circ \equiv$

$\equiv 158^\circ$ W

$\cos d = \cos(90^\circ - l_A) . \cos(90^\circ - l_B) +$

$+ \operatorname{sen}(90^\circ - l_A) . \operatorname{sen}(90^\circ - l_B) . \cos \Delta L \Rightarrow$

$\Rightarrow \cos d = \operatorname{sen} l_A . \operatorname{sen} l_B + \cos l_A . \cos l_B . \cos \Delta L =$

$= (-0{,}57690) . 0{,}84432 + 0{,}81680 . 0{,}53582 . (-0{,}92718) = -0{,}89287 \Rightarrow d = 153^\circ\ 14'\ 12'' \equiv$

$\equiv d = 9194{,}21$ millas

Cálculo del rumbo inicial

$\operatorname{ctg}(90^\circ - l_B) . \operatorname{sen}(90^\circ - l_A) = \cos(90^\circ - l_A) . \cos \Delta L + \operatorname{sen} \Delta L . \operatorname{ctg} A \Rightarrow$

$$\Rightarrow \operatorname{ctg} A = \frac{\operatorname{tg} l_B \cos l_A - \operatorname{sen} l_A \cos \Delta L}{\operatorname{sen} \Delta L} = \frac{1{,}57574.0{,}81680 - (-0{,}57690).(-0{,}92718)}{0{,}37460} =$$

$= 2{,}00793 \Rightarrow \operatorname{tg} A = 0{,}49802 \Rightarrow A = 26^\circ\ 28'\ 27'' \Rightarrow$

$\Rightarrow R_i = 333^\circ\ 31'\ 33''$ ó N 26° 28' 27" W

TRAYECTORIA MIXTA

Discusión para ver si hay que realizar trayectoria mixta

$A < 90^\circ$; $(90^\circ - l_A) + (90^\circ - l_C) < 180^\circ \Rightarrow C + A < 180^\circ$;

$$(90° - l_C) < (90° - l_A) \Rightarrow A < C \Rightarrow \begin{matrix} C_1 < 90° \\ C_2 > 90° \end{matrix}$$

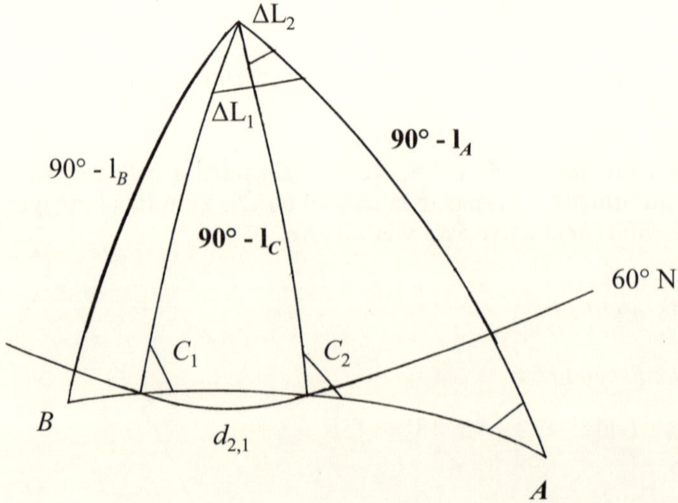

En la trayectoria por círculo máximo hay dos puntos con latitud 60° N, entre los cuales hay que realizar la navegación por paralelo de latitud.

Cálculo del ángulo C

$$\text{sen } C = \frac{\text{sen } A . \cos l_A}{\cos l_C} = \frac{0{,}81680.0{,}44579.}{0{,}50000} = 0{,}72824 \Rightarrow \begin{matrix} C_1 = 46° \ 44' \ 21'' \\ C_2 = 133° \ 15' \ 38'' \end{matrix}$$

Como se puede apreciar en el gráfico, al primer punto de latitud 60° N por el que se pasa, le corresponde el ángulo C_2, por lo que se empieza con el cálculo de ΔL_2 y d_{AC_2}

$$\frac{1}{2}[(90° - l_A) + (90° - l_C)] = 77° \ 37' \qquad \frac{1}{2}(C_2 + A) = 79° \ 52' \ 02''$$

$$\frac{1}{2}[(90° - l_A) - (90° - l_C)] = 47° \ 37' \qquad \frac{1}{2}(C_2 - A) = 53° \ 23' \ 35''$$

Cálculo de ΔL_2

$$\operatorname{tg}\frac{1}{2}\Delta L_2 = \frac{\cos\frac{1}{2}[(90° - l_A) - (90° - l_C)]}{\cos\frac{1}{2}[(90° - l_A) + (90° - l_C)].\operatorname{tg}\frac{1}{2}(C_2 + A)} = \frac{0{,}67408}{0{,}21445.5{,}59542} = 0{,}56176 \Rightarrow$$

$$\Rightarrow \frac{1}{2}\Delta L_2 = 29°\ 19'\ 32'' \Rightarrow \Delta L_2 = 58°\ 39'\ 03''\ W$$

$$L_{C_2} = L_A + \Delta L_2 = 42°\ 13' + (-\ 58°\ 39'\ 03'') = -16°\ 26'\ 03'' \equiv 16°\ 26'\ 03''\ W$$

Cálculo de la distancia d_{AC_2}

$$\operatorname{tg}\frac{1}{2}d_{AC_2} = \frac{\operatorname{tg}\frac{1}{2}[(90° - l_A) + (90° - l_C)].\cos\frac{1}{2}(C_2 + A)}{\cos\frac{1}{2}(C_2 - A)} = \frac{4{,}55457.0{,}17592}{0{,}59633} = 1{,}34377 \Rightarrow$$

$$\Rightarrow \frac{1}{2}d_{AC_2} = 53°\ 20'\ 29'' \Rightarrow d_{AC_2} = 106°\ 41'\ 20'' \equiv 6401{,}3 \text{ millas}$$

Cálculo de ΔL_1

$$\frac{1}{2}(C_1 + A) = 36°\ 36'\ 24'' \qquad \frac{1}{2}(C_1 - A) = 10°\ 07'\ 57''$$

$$\operatorname{tg}\frac{1}{2}\Delta L_1 = \frac{\cos\frac{1}{2}[(90° - l_A) - (90° - l_C)]}{\cos\frac{1}{2}[(90° - l_A) + (90° - l_C)].\operatorname{tg}\frac{1}{2}(C_1 + A)} = \frac{0{,}67408}{0{,}21445.0{,}74284} = 4{,}23142 \Rightarrow$$

$$\Rightarrow \frac{1}{2}\Delta L_1 = 76°\ 42'\ 12'' \Rightarrow \Delta L_1 = 153°\ 24'\ 24''\ W$$

$$L_{C_1} = L_A + \Delta L_1 = 42°\ 13' + (-\ 153°\ 24'\ 24'') = -111°\ 11'\ 24'' \equiv 111°\ 11'\ 24''\ W$$

Cálculo de la distancia entre C_2 y C_1 por paralelo de latitud

$\Delta L_3 = L_{C_1} - L_{C_2} = (-111°\ 11'\ 24'') - (-16°\ 26'\ 03'') = -94°\ 45'\ 21'' \equiv 94°\ 45'\ 21''\ W \equiv$

$\equiv 5685{,}35$ millas W

$d_{C_2C_1}$ = p = ΔL_3 . cos l_C = 5685,35 . 0,50000 = 2842,67 millas

Rumbo para ir de C_1 a B

R_{C_1B} = 180° + C_1 = 226° 44' 21" ó S 46° 44' 21" W

Cálculo de la distancia de C_1 a B por círculo máximo usando las analogías de Neper

$$\operatorname{tg}\frac{1}{2}d_{AC_1} = \frac{\operatorname{tg}\frac{1}{2}[(90°-l_A)+(90°-l_C)].\cos\frac{1}{2}(C_1+A)}{\cos\frac{1}{2}(C_1-A)} = \frac{4{,}55457.0{,}80274}{0{,}98440} = 3{,}71406 \Rightarrow$$

$$\Rightarrow \frac{1}{2}d_{AC_1} = 74°\ 55'\ 50'' \Rightarrow d_{AC_1} = 149°\ 51'\ 40'' \equiv 8991{,}67 \text{ millas}$$

$d_{C_1B} = d_{AB} - d_{AC_1}$ = 9194,21 m. – 8991,67 m. = 202,54 millas

$d_{\text{MIXTA}} = d_{AC_2} + d_{C_2C_1} + d_{C_1B}$ = 6401,3 m. + 2842,67 m. + 202,54 m. =
= 9446,21 millas

Diferencia = $d_{\text{MIXTA}} - d_{\text{CIR. MÁXIMO}}$ = 9446,21 m. – 9194,21 m. = 252 millas

Ejercicios propuestos[1]

1. Discutir y plantear (sin resolver), por el método del perpendículo, el triángulo esférico:

   $C = 53° 12'$

   $c = 68° 41'$

   $b = 82° 12'$

2. Un barco navega 128 millas con rumbo N 33° 40’ W, desde *A* (28° 51’ N, 128° 33’E). Hallar, por latitud media, la posición del punto *B* al que llega.

3. Un barco parte de *A* (33° 14’ S, 150° 23’ W), a través de un círculo máximo, con un rumbo de 330° 04’ 25”, y recorre una distancia de 10.337 millas, llegando a un punto *B*

   a) Determinar el punto *B*.

   b) Hallar el punto del recorrido que corta al Ecuador.

   c) Hallar el punto del recorrido cuya longitud es 180°.

   d) Hallar la trayectoria mixta entre *A* y *B* si no se hubieran superado los 60° N de latitud.

4. Hallar razonadamente la especie de los elementos restantes en los siguientes triángulos esféricos:

a) Rectángulo	b) Rectángulo	c) Rectilátero
$b = 58° 15'$	$c = 48° 02'$	$A = 21° 14'$
$C = 123° 10'$	$C = 62° 23'$	$c = 37° 41'$

[1] Los ejercicios que se presentan en este capítulo se han obtenido de los exámenes de la asignatura de Trigonometría Esférica entre los años 1997 a 2003.

5. Discutir, si es necesario, y resolver, si es posible, los siguientes triángulos esféricos:

a) Por el método del perpendículo

$A = 60° 40'$

$B = 80° 10'$

$c = 125° 27'$

b) Por las fórmulas generales

$a = 61° 41'$

$A = 80° 17'$

$B = 115° 35'$

6. Hallar el rumbo directo y la posición final B de un barco que parte de A (28° 15' N, 65° 17' W) y sigue los siguientes rumbos:

$R = 315°$	$d = 60$ millas
$R = 68°$	$d = 45$ millas
$R = 220°$	$d = 125$ millas

7. Un barco navega por círculo máximo desde Dakar (Senegal) (14° 41' N, 17° 25' W) hasta Guayaquil (Ecuador) (2° 17' S, 79° 55' W).

a) Hallar la distancia entre Dakar y Guayaquil, el rumbo inicial y el rumbo final.

b) Hallar el punto C de corte con el ecuador, y el rumbo para ir de C a Dakar.

8. Discutir y plantear por el método del perpendículo (no resolver) el triángulo esférico:

$B = 53° 12'$

$b = 68° 41'$

$c = 82° 12'$

9. Un barco inicia una travesía por círculo máximo entre los puntos A (17° 25' S, 47° 12'W) y B (45° 25' N, 105° 42' E).

a) Hallar la distancia entre A y B, el rumbo inicial y el rumbo final.

b) Hallar el punto del recorrido que se encuentra más al norte.

c) Hallar la trayectoria mixta entre A y B si no se quieren superar la latitud 55° N.

d) Calcular las millas de más que se recorren al tomar la segunda trayectoria.

10. Discutir, si es necesario, y resolver, si es posible, el siguiente triángulo esférico:

    $a = 65° 23' 15''$

    $b = 65° 23' 15''$

    $A = 54° 14' 21''$

11. Discutir, si es necesario, y resolver, si es posible, el siguiente triángulo esférico:

    $A = 116° 32'$

    $c = 32° 45'$

    $C = 63° 28'$

12. Discutir y resolver por las fórmulas generales el triángulo esférico:

    $b = 82° 18' 03''$

    $B = 76° 39' 50''$

    $C = 103° 20' 10''$

13. Un buque sale de *A* (35° 18' N, 64° 55' W) y navega 120 millas con un rumbo N 30° W. Hallar la posición final.

14. Un barco navega a través de una circunferencia máxima, desde *A* (35° 23' N, 41° 02'E), hasta *B* (37° 50' S, 144° 59' E).

    a) Hallar la distancia entre *A* y *B*, el rumbo inicial y el rumbo final.

    b) Hallar el punto del recorrido que se encuentra más al norte.

15. Discutir, si es necesario, y resolver, si es posible, los siguientes triángulos esféricos:

a) Rectángulo	b) Rectilátero	c) $A = 116° 32'$
$B = 79° 30'$	$B = 148° 10'$	$c = 32° 45'$
$b = 41° 13'$	$b = 151° 14'$	$C = 63° 28'$

16. Un buque sale de *A* (37° 48' N, 122° 25' W) y sigue las siguientes trayectorias:

$R = 128°$	$d = 45$ millas
$R = 320°$	$d = 27$ millas
$R = 28°$	$d = 18$ millas

    Hallar el punto *B* al que se llega, rumbo directo y distancia de *A* a *B*.

17. a) Hallar el rumbo inicial, el rumbo final y la mínima distancia a través de un arco de circunferencia máxima de un vuelo desde Vigo (42° 15' N, 08° 43' W) hasta Philadelphia (39° 00' N, 74° 50' W).

    b) Localizar el punto de la travesía en el que se encuentra después de haber recorrido 200 millas, y el punto de la circunferencia máxima situado más al norte.

18. Plantear la resolución, mediante el método del perpendículo de los siguientes triángulos esféricos:

a) $b = 62° 18'$	b) $A = 58° 42'$
$c = 50° 33'$	$C = 73° 13'$
$A = 121° 42'$	$b = 132° 54'$

19. Discutir, si es necesario, y resolver, si es posible, el siguiente triángulo esférico:

    $A = 152° 50' 10''$

    $B = 38° 14' 20''$

    $a = 55° 31' 42''$

20. Discutir y resolver (método a elegir) el siguiente triángulo esférico:

    $a = 102° 42'$

    $A = 128° 15'$

    $C = 44° 15'$

21. Un barco parte de Zeebrugge (Bélgica) (51° 20' N, 3° 12' E) y recorre las distancias siguientes con los rumbos indicados:

Rumbo:	248°00'	54° 30'	298° 30'	312° 40'	29° 0'	63° 30'
Distancia:	18,5	22,0	14,0	28,3	17,0	25,0

Hallar la posición final *B* del barco y su distancia hasta *A*, así como el rumbo de la trayectoria directa de *A* a *B*.

22. a) Hallar la distancia a través de un arco de circunferencia máxima, el rumbo inicial y el rumbo final de un vuelo desde Darwin (Australia) (12° 28' S, 130° 51' E) hasta Vancouver (Canadá) (49° 17' N, 123° 07' W).

b) Localizar el punto *C* de la travesía que corta al Ecuador y rumbo para ir desde *C* hasta Darwin.

c) Hallar el punto D de dicha circunferencia máxima cuya longitud es 48° 25' E.

23. Discutir y resolver (método a elegir) el siguiente triángulo esférico:

$a = 118° 24'$

$A = 142° 12'$

$c = 43° 55'$

24. Un barco parte de Sinop (Turquía) (42° 00' N, 35° 09' E) y recorre las distancias siguientes con los rumbos indicados:

Rumbo:	228° 00'	59° 30'	210° 30'	354° 40'	24° 0'	72° 30'
Distancia:	18,5	22,0	14,0	28,3	17,0	25,0

Hallar la posición final *B* del barco y su distancia hasta *A*, así como el rumbo de la trayectoria directa de *A* a *B*.

25. a) Hallar la distancia a través de un arco de circunferencia máxima, el rumbo inicial y el rumbo final de un vuelo desde Valparaíso (Chile) (33° 01' S, 71° 38' W) hasta Shimizu (Japón) (35° 01' N, 138° 32' E).

b) Localizar el punto *C* de la travesía que corta al Ecuador y rumbo para ir desde *C* hasta Valparaíso.

c) Hallar el punto D de dicha circunferencia máxima cuya longitud es 74° 25' E.

26. Discutir y resolver (método a elegir) el siguiente triángulo esférico:

$C = 84° 15'$

$B = 105° 44'$

$c = 72° 42'$

27. Un barco parte de Pondicherry (India) (11° 56’ N, 79° 50’ E) y recorre las distancias siguientes con los rumbos indicados:

Rumbo:	215° 00’	38° 30’	273° 30’	321° 40’	30° 0’	55° 30’
Distancia:	18,5	22,0	14,0	28,3	17,0	25,0

Hallar la posición final *B* del barco y su distancia hasta *A*, así como el rumbo de la trayectoria directa de *A* a *B*.

28. a) Hallar la distancia a través de un arco de circunferencia máxima, el rumbo inicial y el rumbo final de un vuelo desde Miami (USA) (25° 47’ N, 80° 11’ W) hasta Lobito (Angola) (12° 20’ S, 13° 34' E).

b) Localizar el punto *C* de la travesía que corta al Ecuador y rumbo para ir desde *C* hasta Miami.

c) Hallar el punto D de dicha circunferencia máxima cuya longitud es 73° 21’ E.

23. Discutir y resolver (método a elegir) el siguiente triángulo esférico:

$b =$ 103° 14’

$c =$ 56° 45’

$B =$ 114° 44’

24. Un barco parte de Songkhla (Malasia) (7° 14’ N, 100° 35’ E) y recorre las distancias siguientes con los rumbos indicados:

Rumbo:	265° 00’	40° 30’	260° 30’	315° 40’	33° 0’	50° 30’
Distancia:	18,5	22,0	14,0	28,3	17,0	25,0

Hallar la posición final *B* del barco y su distancia hasta *A*, así como el rumbo de la trayectoria directa de *A* a *B*.

25. a) Hallar la distancia a través de un arco de circunferencia máxima, el rumbo inicial y el rumbo final de un vuelo desde Ribadeo (España) (43° 32’ N, 7° 02’ W) hasta Belem (Brasil) (1° 27’ S, 48° 30' W).

b) Localizar el punto C de la travesía que corta al Ecuador y rumbo para ir desde C hasta Ribadeo.

c) Hallar el punto D de dicha circunferencia máxima cuya longitud es 45° 20' E.

26. Hallar razonadamente la especie de los elementos restantes en los siguientes triángulos esféricos rectángulos en los casos que sea posible:

a) $b = 27° 43'$	b) $a = 21° 50'$	c) $b = 53° 14'$
$C = 100° 15'$	$b = 48° 32'$	$B = 60° 13'$

27. Un barco sale de A (23° 15' N, 18° 25' W) y sigue las siguientes trayectorias:

$R = 315°$	$d = 60$ millas
$R = 68°$	$d = 45$ millas
$R = 220°$	$d = 125$ millas

Hallar el punto B al que se llega, rumbo directo y distancia de A a B.

28. a) Hallar el rumbo inicial, el rumbo final y la mínima distancia a través de un círculo máximo de un vuelo desde Visakhapatnam (India) (17° 42' N, 83° 18' W) hasta Paramonga (Perú) (10° 42' S, 77° 50' W).

b) Localizar el punto de la travesía cuya longitud es 180° y el punto de corte con el Ecuador.

29. Hallar razonadamente la especie de los elementos restantes en los siguientes triángulos esféricos rectiláteros en los casos que sea posible:

a) $b = 27° 43'$	b) $A = 21° 50'$	c) $b = 53° 14'$
$C = 100° 15'$	$B = 48° 32'$	$B = 60° 13'$
d) $A = 59° 33'$	e) $B = 112° 14'$	
c = 85° 54'	$C = 128° 32'$	

30. Discutir y plantear, no resolver, por el método del perpendículo el triángulo esférico oblicuángulo :

$b = 59° 48'$

$c = 78° 03'$

$B = 65° 13'$

31. Hallar la posición final B de un barco que parte de A (14° 41' N, 17° 25' W) y recorre una distancia de 60 millas con un rumbo de 220°.

32. Un buque parte de Sidi Kerir (Egipto) (31° 06' N, 29° 37' E) para efectuar una travesía a lo largo de una circunferencia máxima. El rumbo de salida es S 48° 30' E.

   a) Hallar latitud, longitud y rumbo final de su posición *B* cuando ha recorrido 500 millas.

   b) Localizar el punto de corte con el Ecuador.

33. Un buque parte de *A* (47° 15' N, 140° 38' W) y llega a *B* (48° 45' N, 139° 12' W). Hallar el rumbo y la distancia por latitud media.

34. Un buque parte de Luanda (Angola) (8° 47' S, 13° 14' E) para efectuar una travesía a lo largo de una circunferencia máxima. El rumbo de salida es 068° 30'.

   a) Hallar latitud, longitud y rumbo final de su posición *B* cuando ha recorrido 500 millas.

   b) Localizar el punto de la travesía que se encuentra más al norte.

35. Un buque parte de Yokohama (Japón) (35° 27' N, 139° 40' E) para efectuar una travesía a lo largo de una circunferencia máxima. El rumbo de salida es 078° 30'.

   a) Hallar latitud, longitud y rumbo final de su posición *B* cuando ha recorrido 500 millas.

   b) Localizar el punto de la travesía que se encuentra más al norte.

36. Un buque parte de Guayaquil (Ecuador) (2° 17' S, 17° 25' W) para efectuar una travesía a lo largo de una circunferencia máxima. El rumbo de salida es 025° 30'.

   a) Hallar latitud, longitud y rumbo final de su posición *B* cuando ha recorrido 500 millas.

   b) Localizar el punto de la travesía que se encuentra más al norte.

37. Un barco parte de A (37° 15' N, 128° 38' W) y llega a B (38° 45' N, 129° 12' W). Hallar el rumbo y la distancia por latitud media.

38. a) Hallar la distancia a lo largo de una circunferencia máxima, el rumbo inicial y el rumbo final de un vuelo desde Kopervik (Noruega) (59° 17' N, 5° 18' E), hasta Fortaleza (Brasil) (3° 41' S, 38° 29' W).

b) Hallar el punto C del recorrido en que la travesía corta al Ecuador y rumbo para ir desde C hasta Kopervik.

c) Hallar el punto D de la travesía de longitud 15° 27' W

38. Resolver el triángulo esférico:

$C = 112° 47'$

$B = 57° 25'$

$c = 120° 04'$

a) Por el método del perpendículo.

b) Por las fórmulas generales de trigonometría esférica.

39. Un barco parte de A (27° 25' N, 116° 38' E) y llega a B (29° 45' N, 119° 12' E). Hallar el rumbo y la distancia por latitud media.

40. a) Hallar la distancia a lo largo de una circunferencia máxima, el rumbo inicial y el rumbo final de un vuelo desde Maracaibo (Venezuela) (10° 39' N, 71° 36' W), hasta Namibe (Angola) (15° 12' S, 12° 09' E).

b) Hallar el punto C del recorrido en que la travesía corta al Ecuador y rumbo para ir desde C hasta Maracaibo.

c) Hallar el punto D de la travesía de longitud 13° 04' W.

41. Resolver el triángulo esférico por el método del perpendículo y por las fórmulas generales de trigonometría esférica:

$B = 115° 47'$

$C = 45° 25'$

$b = 131° 04'$

42. Un barco parte de A (25° 55' N, 40° 38' W) y llega a B (28° 45' N, 39° 12' W). Hallar el rumbo y la distancia por latitud media.

43. a) Hallar la distancia a lo largo de una circunferencia máxima, el rumbo inicial y el rumbo final de un vuelo desde Rio de Janeiro (Brasil) (22° 55' S, 43° 12' W), hasta Malabo (Guinea Ecuatorial) (3° 45' N, 8° 47' E).

b) Hallar el punto C de la travesía que se encuentra más al norte.

c) Hallar el punto D de la travesía de longitud 37° 15' W

44. Resolver el triángulo esférico:

$C = 124° 47'$

$B = 38° 25'$

$c = 100° 04'$

a) Por el método del perpendículo.

b) Por las fórmulas generales de trigonometría esférica.

45. Un barco parte de A (47° 15' S, 140° 38' E) y llega a B (48° 45' S, 139° 12' E). Hallar el rumbo y la distancia por latitud media.

46. a) Hallar la distancia a lo largo de una circunferencia máxima, el rumbo inicial y el rumbo final de un vuelo desde Luanda (Angola) (8° 47' S, 13° 14' E), hasta Charleston (USA) (32° 47' N, 79° 56' W).

b) Hallar el punto de la travesía que se encuentra más al norte.

c) Hallar el punto D de la travesía de longitud 63° 18' W

47. Resolver por el método del perpendículo el siguiente triángulo esférico oblicuángulo:

$B = 68° 55'$

$c = 126° 42'$

$a = 100° 14'$

48. Discutir y resolver por las fórmulas generales el siguiente triángulo esférico oblicuángulo:

$b = 72° 42'$

$B = 84° 15'$

$A = 95° 45'$

49. Un avión se encuentra en un punto *A* (47° 34' N, 52° 41' W) y realiza un vuelo hasta un punto *B* que se encuentra 120 millas al oeste y 56 millas al sur. Hallar, por latitud media, la situación del punto *B*, distancia y rumbo seguido.

50. Hallar la distancia, rumbo de salida, rumbo de llegada y punto de corte con el Ecuador correspondientes a un viaje desde Cruz Grande (Chile) (29° 17' S, 71° 20' W), hasta Dakar (Senegal) (14° 41' N, 17° 25' W).

51. Un buque sale de un punto *A* (17° 25' S, 14° 03' W) para llegar a un punto *B* (43° 21' N, 127° 57' E) sin sobrepasar los 45° de latitud norte. Hallar la trayectoria mixta y la diferencia entre ésta y la directa. (17° 25' S, 14° 03' W)

Anexo

Trigonometría plana

A.1. ÁNGULOS Y APLICACIONES

A.1.1. INTRODUCCIÓN

El ángulo plano *XOP*, (Figura 1) está formado por dos líneas *OX* y *OP*. Al punto *O* se le llama vértice y a las líneas medias se les llama lados del ángulo.

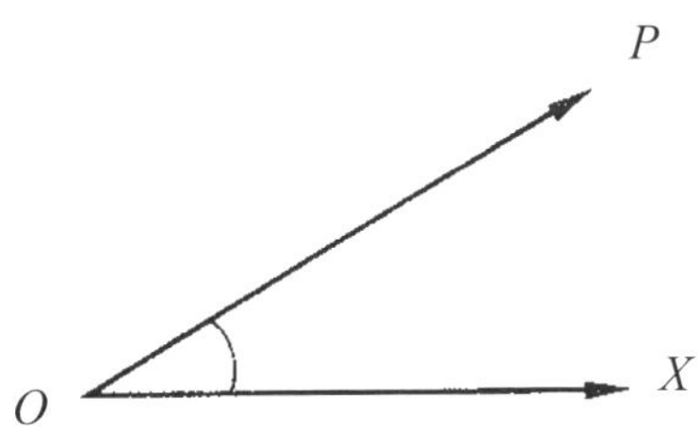

Figura 1

En general, puede pensarse que un ángulo plano se genera si se gira en un plano una línea de la posición inicial *OX* a la posición final *OP*.

Un ángulo así generado se llama positivo si la dirección de rotación es la contraria al movimiento de las agujas del reloj y negativo si la dirección de rotación es la de las agujas del reloj.

A.1.2. MEDICIÓN DE ÁNGULOS

Se define el grado (º) como la medida central del ángulo determinado por un arco de círculo igual a 1/360 de la circunferencia.

Un minuto (‘) es 1/60 de un grado y un segundo (“) es 1/60 de un minuto, o sea, 1/3600 de un grado.

Cuando se convierten ángulos expresados en forma decimal a minutos y segundos, la regla general es que las décimas de ángulo serán convertidas al minuto más cercano y el resto se redondeará al segundo más cercano. Cuando se convierten ángulos en minutos y segundos a forma decimal, el resultado en minutos se redondea a décimas y los segundos se redondean a centésimas.

Ejemplos:

a) 29,23º = 29º + 0,23(60’) = 29º 13,8’ = 29º 13’ + 0,8(60”) = 29º 13’ 48”

b) 58º 22’ 16” = 58º + 22º/60 + 16º/3600 = 58,37º

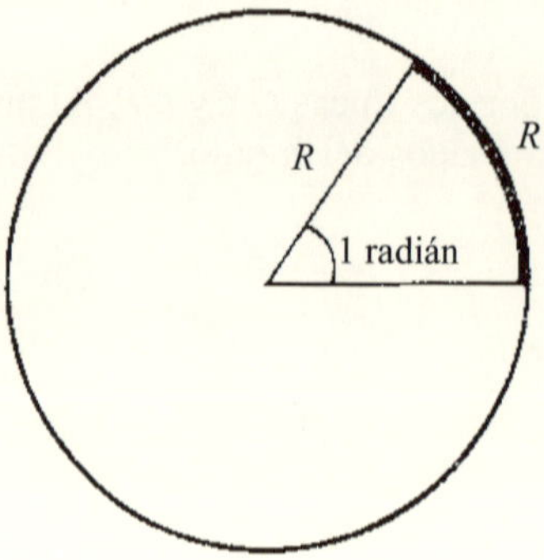

Figura 2

El radián se define como la medida del ángulo central determinado por un arco del círculo igual al radio del círculo. (Figura 2).

La circunferencia tiene 2π radianes, que se corresponden a 360º, por lo tanto:

$$1 \text{ radián} = \frac{180^\circ}{\pi} = 57^\circ\, 17'\, 45''$$

$$1 \text{ grado} = \frac{\pi}{180} \text{ radianes} = 0{,}017453 \text{ rad.}$$

A.1.3. LONGITUD DE ARCO Y ÁREA DE UN SECTOR

En un círculo de radio R, un ángulo central de θ radianes, determina un arco de longitud $s = R\theta$. Es decir, la longitud de arco es igual al radio por el ángulo central medido en radianes.

El área de un sector de un círculo de radio R y ángulo central θ radianes es

$$A = \frac{1}{2} R^2 \theta$$

A.2. **FUNCIONES TRIGONOMÉTRICAS DE UN ÁNGULO**

Considerando un arco de circunferencia de 90 grados, y en él, un ángulo cualquiera a, (Figura 3) se definen las principales funciones trigonométricas de a de la forma siguiente:

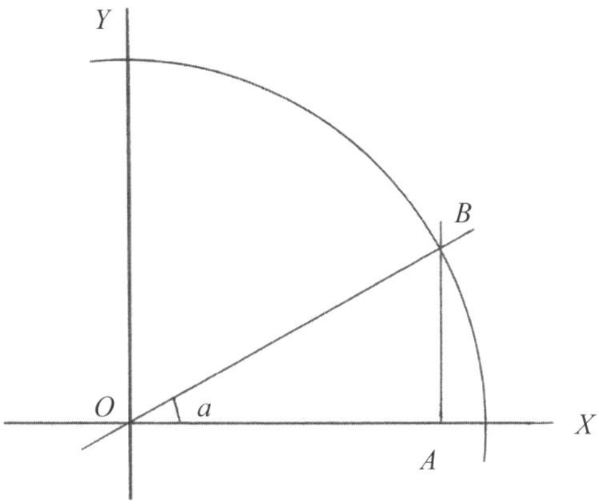

Figura 3

Función seno:

$$\operatorname{sen} a = \frac{AB}{OB} = \frac{\text{Ordenada}}{\text{Radio}}$$

Función coseno:

$$\cos a = \frac{OA}{OB} = \frac{\text{Abcisa}}{\text{Radio}}$$

Función tangente:

$$\operatorname{tg} a = \frac{AB}{OA} = \frac{\text{Ordenada}}{\text{Abcisa}}$$

Función cosecante: $\operatorname{cosec} a = \dfrac{OB}{AB} = \dfrac{\text{Radio}}{\text{Ordenada}}$

Función secante: $\sec a = \dfrac{OB}{OA} = \dfrac{\text{Radio}}{\text{Abcisa}}$

Función cotangente: $\operatorname{ctg} a = \dfrac{OA}{AB} = \dfrac{\text{Abcisa}}{\text{Ordenada}}$

Las tres últimas funciones se denominan funciones inversas ya que son el resultado de dividir la unidad por las tres primeras. Es decir:

$$\operatorname{cosec} a = \frac{1}{\operatorname{sen} a} \quad \text{y} \quad \operatorname{sen} a = \frac{1}{\operatorname{cosec} a}$$

$$\sec a = \frac{1}{\cos a} \quad \text{y} \quad \cos a = \frac{1}{\sec a}$$

$$\operatorname{cotg} a = \frac{1}{\operatorname{tg} a} \quad \text{y} \quad \operatorname{tg} a = \frac{1}{\operatorname{cotg} a}$$

A.3. SIGNO DE LAS FUNCIONES TRIGONOMÉTRICAS

El signo de las funciones trigonométricas depende de los signos de la ordenada y abcisa de que proceden, ya que el radio se considera siempre positivo.

FUNCIÓN	sen a	cos a	tg a	cosec a	sec a	cotg a
1º CUADRANTE	$\frac{y}{R}=\frac{+}{+}=+$	$\frac{x}{R}=\frac{+}{+}=+$	$\frac{y}{x}=\frac{+}{+}=+$	$\frac{R}{y}=\frac{+}{+}=+$	$\frac{R}{x}=\frac{+}{+}=+$	$\frac{x}{y}=\frac{+}{+}=+$
2º CUADRANTE	$\frac{y}{R}=\frac{+}{+}=+$	$\frac{x}{R}=\frac{-}{+}=-$	$\frac{y}{x}=\frac{+}{-}=-$	$\frac{R}{y}=\frac{+}{+}=+$	$\frac{R}{x}=\frac{+}{-}=-$	$\frac{x}{y}=\frac{-}{+}=-$
3º CUADRANTE	$\frac{y}{R}=\frac{-}{+}=-$	$\frac{x}{R}=\frac{-}{+}=-$	$\frac{y}{x}=\frac{-}{-}=+$	$\frac{R}{y}=\frac{+}{-}=-$	$\frac{R}{x}=\frac{+}{-}=-$	$\frac{x}{y}=\frac{-}{-}=+$
4º CUADRANTE	$\frac{y}{R}=\frac{-}{+}=-$	$\frac{x}{R}=\frac{+}{+}=+$	$\frac{y}{x}=\frac{-}{+}=-$	$\frac{R}{y}=\frac{+}{-}=-$	$\frac{R}{x}=\frac{+}{+}=+$	$\frac{x}{y}=\frac{+}{-}=-$

A.4. REPRESENTACIÓN GEOMÉTRICA DE LAS FUNCIONES TRIGONOMÉTRICAS

Como el valor de las funciones trigonométricas de un ángulo dado permanece constante cualquiera que sea el radio que tomemos, para fijar el punto que determina la ordenada y la abcisa , tomando $R = 1$, se obtienen las siguientes representaciones geométricas, que medidas con respecto a la unidad, dará el valor de las diferentes funciones (Figura 4).

Los triángulos *OMP*, *OAQ* y *OBT* son similares, por lo tanto:

$$\text{sen}\,a = \frac{MP}{OP} = MP \qquad\qquad \text{cosec}\,a = \frac{OP}{MP} = \frac{OT}{OB} = OT$$

$$\cos a = \frac{OM}{OP} = OM \qquad \sec a = \frac{OP}{OM} = \frac{OQ}{OA} = OQ$$

$$\operatorname{tg} a = \frac{MP}{OM} = \frac{AQ}{OA} = AQ \qquad \operatorname{ctg} a = \frac{OM}{MP} = \frac{BT}{OB} = BT$$

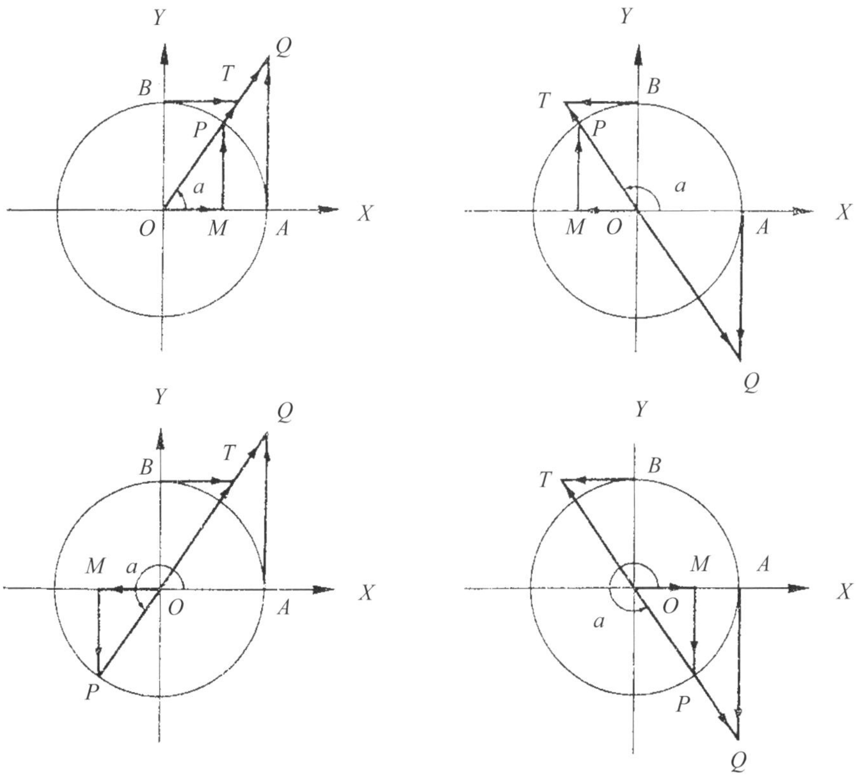

Figura 4

El conocimiento de la representación geométrica de las funciones trigonométricas es de gran utilidad ya que con ella se puede deducir el valor aproximado de la función, el signo y si aumenta, o disminuye, al variar el ángulo.

A.5. REPRESENTACIÓN GRÁFICA

Gráficas de las funciones seno y coseno:

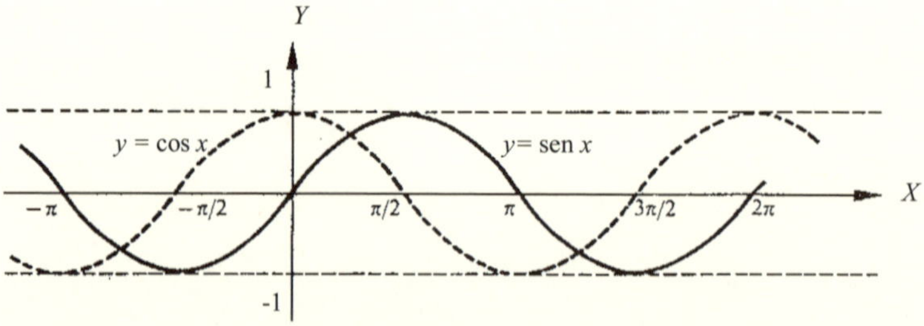

Figura 5

Graficas de las funciones tangente y cotangente:

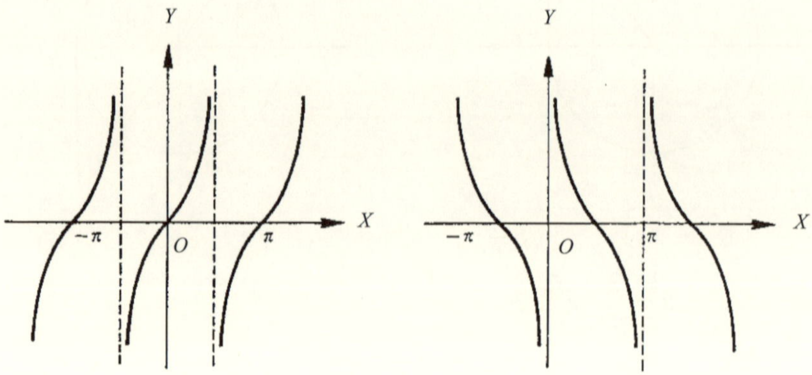

$y = \operatorname{tg} x$ $y = \operatorname{ctg} x$

Figura 6

Gráficas de las funciones secante y cosecante:

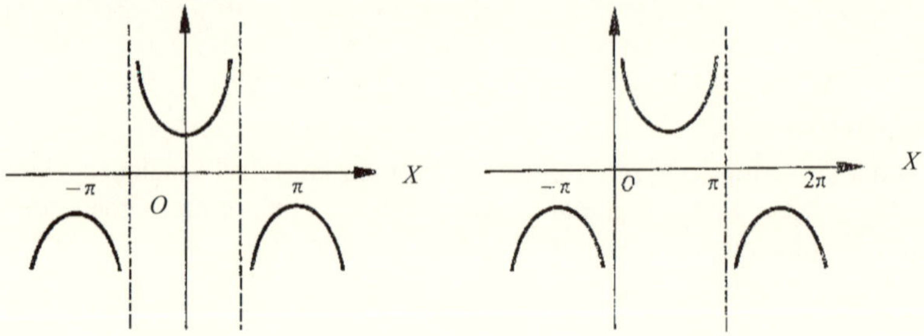

$y = \sec x$ $y = \operatorname{cosec} x$

Figura 7

A.6. PRIMERAS FÓRMULAS TRIGONOMÉTRICAS

Aplicando el Teorema de Pitágoras a la figura, se tiene que $R^2 = x^2 + y^2$. Dividiendo esta igualdad sucesivamente por R^2, x^2, y^2 y aplicando las definiciones anteriores, se obtienen las siguientes relaciones:

$$\frac{R^2}{R^2} = \frac{x^2}{R^2} + \frac{y^2}{R^2} \Rightarrow 1 = \cos^2 a + \operatorname{sen}^2 a$$

$$\frac{R^2}{x^2} = \frac{x^2}{x^2} + \frac{y^2}{x^2} \Rightarrow \sec^2 a = 1 + \operatorname{tg}^2 a$$

$$\frac{R^2}{y^2} = \frac{x^2}{y^2} + \frac{y^2}{y^2} \Rightarrow \operatorname{cosec}^2 a = \operatorname{cotg}^2 a + 1$$

Por otra parte se tiene:

$$\frac{\operatorname{sen} a}{\cos a} = \frac{\frac{y}{R}}{\frac{x}{R}} = \frac{y}{x} \Rightarrow \operatorname{tg} a = \frac{\operatorname{sen} a}{\cos a}$$

Análogamente, $\operatorname{cotg} a = \dfrac{\cos a}{\operatorname{sen} a}$

A estas relaciones hay que añadir las ya mencionadas anteriormente al tratar las funciones inversas.

A.7. FUNCIONES TRIGONOMÉTRICAS DE ÁNGULOS DE DISTINTOS CUADRANTES

A.7.1. ANGULOS COMPLEMENTARIOS

En la figura 8, por definición de las funciones trigonométricas, se pueden deducir las siguientes igualdades:

$$\left.\begin{aligned} \operatorname{sen} a &= \frac{y}{R} \\ \cos\,(90^\circ - a) &= \frac{y}{R} \end{aligned}\right\} \Rightarrow \cos\,(90^\circ - a) = \operatorname{sen} a$$

$$\left.\begin{aligned} \cos a &= \frac{x}{R} \\ \operatorname{sen}\,(90^\circ - a) &= \frac{x}{R} \end{aligned}\right\} \Rightarrow \operatorname{sen}\,(90^\circ - a) = \cos a$$

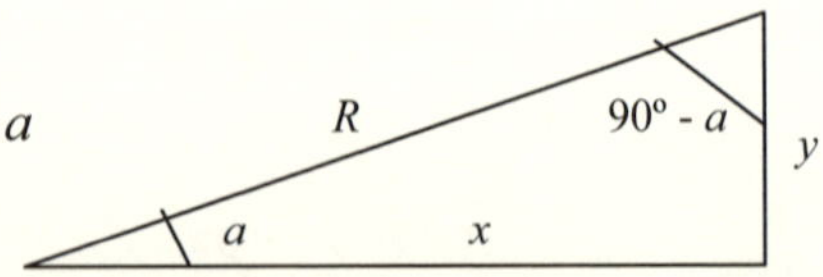

Figura 8

$$\left.\begin{aligned} \operatorname{tg} a &= \frac{y}{x} \\ \operatorname{cotg}\,(90^\circ - a) &= \frac{y}{x} \end{aligned}\right\} \Rightarrow \operatorname{cotg}\,(90^\circ - a) = \operatorname{tg} a$$

Aplicando las relaciones que se han visto anteriormente, se comprueba que también se verifica que:

$$\operatorname{cosec}\,(90^\circ - a) = \sec a$$

$$\sec\,(90^\circ - a) = \operatorname{cosec} a$$

$$\operatorname{tg}\,(90^\circ - a) = \operatorname{cotg} a$$

A.7.2. **ÁNGULOS SUPLEMENTARIOS**

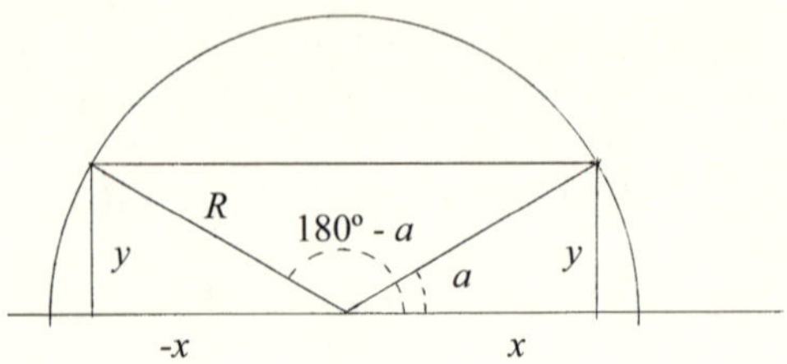

Figura 9

Aplicando las definiciones ya conocidas a la figura 9, se tiene que:

$$\left.\begin{array}{l} \operatorname{sen}(180^\circ - a) = \dfrac{y}{R} \\ \\ \operatorname{sen} a = \dfrac{y}{R} \end{array}\right\} \Rightarrow \operatorname{sen}(180^\circ - a) = \operatorname{sen} a$$

$$\left.\begin{array}{l} \cos(180^\circ - a) = \dfrac{-x}{R} \\ \\ \cos a = \dfrac{x}{R} \end{array}\right\} \Rightarrow \cos(180^\circ - a) = -\cos a$$

$$\left.\begin{array}{l} \operatorname{tg}(180^\circ - a) = \dfrac{y}{-x} \\ \\ \operatorname{tg} a = \dfrac{y}{x} \end{array}\right\} \Rightarrow \operatorname{tg}(180^\circ - a) = -\operatorname{tg} a$$

Análogamente se obtiene que:

$$\operatorname{cosec}(180^\circ - a) = \operatorname{cosec} a$$

$$\sec(180^\circ - a) = -\sec a$$

$$\operatorname{cotg}(180^\circ - a) = -\operatorname{cotg} a$$

A.7.3. ÁNGULOS DEL TERCER CUADRANTE

En la figura 10 se observa que:

$$\left.\begin{array}{l} \operatorname{sen}(180^\circ + a) = \dfrac{-y}{R} \\ \\ \operatorname{sen} a = \dfrac{y}{R} \end{array}\right\} \Rightarrow \operatorname{sen}(180^\circ + a) = -\operatorname{sen} a$$

$$\left.\begin{array}{l} \cos(180^\circ + a) = \dfrac{-x}{R} \\ \\ \cos a = \dfrac{x}{R} \end{array}\right\} \Rightarrow \cos(180^\circ + a) = -\cos a$$

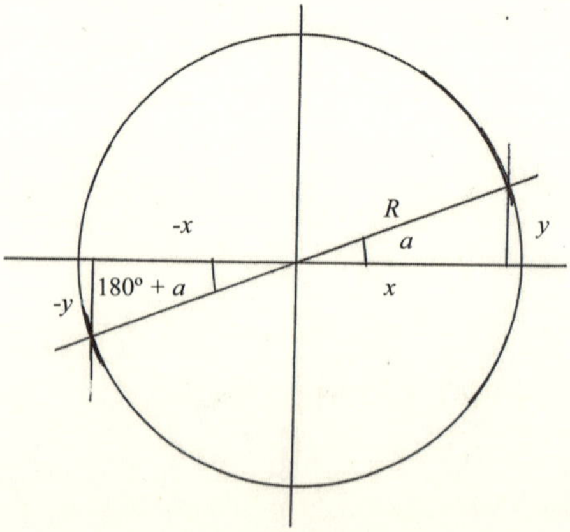

Figura 10

$$\left.\begin{array}{l} \operatorname{tg}(180^\circ + a) = \dfrac{-y}{-x} \\ \operatorname{tg} a = \dfrac{y}{x} \end{array}\right\} \Rightarrow \operatorname{tg}(180^\circ + a) = \operatorname{tg} a$$

Análogamente se obtiene que:

cosec (180º + a) = - cosec a

sec (180º + a) = - sec a

cotg (180º + a) = cotg a

A.7.4. ÁNGULOS NEGATIVOS

Analizando la figura 11 se tiene:

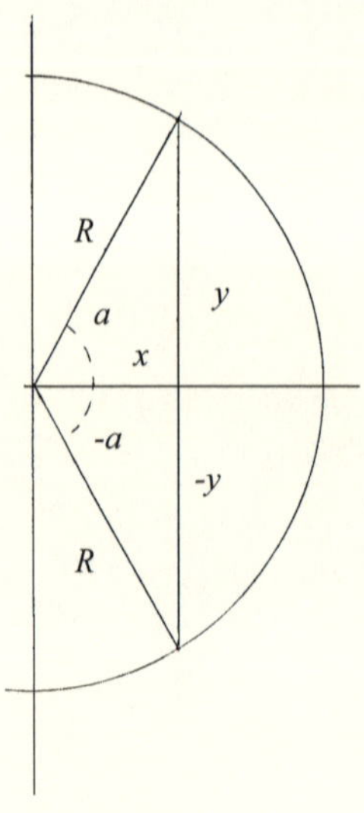

Figura 11

$$\left.\begin{array}{l} \operatorname{sen}(-a) = \dfrac{-y}{R} \\ \operatorname{sen} a = \dfrac{y}{R} \end{array}\right\} \Rightarrow \operatorname{sen}(-a) = -\operatorname{sen} a$$

$$\left.\begin{array}{l} \cos(-a) = \dfrac{x}{R} \\ \cos a = \dfrac{x}{R} \end{array}\right\} \Rightarrow \cos(-a) = \cos a$$

$$\left.\begin{array}{l} \operatorname{tg}(-a) = \dfrac{-y}{x} \\ \operatorname{tg} a = \dfrac{y}{x} \end{array}\right\} \Rightarrow \operatorname{tg}(-a) = -\operatorname{tg} a$$

Análogamente se obtiene que:

$$\text{cosec}\,(-a) = -\,\text{cosec a}$$

$$\sec\,(-a) = \sec \text{a}$$

$$\text{cotg}\,(-a) = -\,\text{cotg a}$$

A.8. FUNCIONES TRIGONOMÉTRICAS DE LA SUMA Y DIFERENCIA DE DOS ÁNGULOS

$$\text{sen}\,(a+b) = \text{sen}\,a \cos b + \cos a\, \text{sen}\, b$$

$$\text{sen}\,(a-b) = \text{sen}\,a \cos b - \cos a\, \text{sen}\, b$$

$$\cos\,(a+b) = \cos a \cos b + \text{sen}\,a\, \text{sen}\, b$$

$$\cos\,(a-b) = \cos a \cos b - \text{sen}\,a\, \text{sen}\, b$$

$$\text{tg}\,(a+b) = \frac{\text{tg}\,a + \text{tg}\,b}{1 - \text{tg}\,a\,\text{tg}\,b} \qquad \text{tg}\,(a-b) = \frac{\text{tg}\,a - \text{tg}\,b}{1 + \text{tg}\,a\,\text{tg}\,b}$$

$$\text{ctg}\,(a+b) = \frac{\text{ctg}\,a\,\text{ctg}\,b - 1}{\text{ctg}\,a + \text{ctg}\,b} \qquad \text{ctg}\,(a-b) = \frac{\text{ctg}\,a\,\text{ctg}\,b + 1}{\text{ctg}\,b - \text{ctg}\,a}$$

A.9. SUMA Y DIFERENCIA DE FUNCIONES TRIGONOMÉTRICAS

$$\text{sen}\,a + \text{sen}\,b = 2\,\text{sen}\,\frac{a+b}{2}\cos\frac{a-b}{2}$$

$$\text{sen}\,a - \text{sen}\,b = 2\,\cos\frac{a+b}{2}\;\text{sen}\,\frac{a-b}{2}$$

$$\cos a + \cos b = 2\cos\frac{a+b}{2}\cos\frac{a-b}{2}$$

$$\cos a - \cos b = -2\,\mathrm{sen}\,\frac{a+b}{2}\,\mathrm{sen}\,\frac{a-b}{2} = 2\,\mathrm{sen}\,\frac{a+b}{2}\,\mathrm{sen}\,\frac{b-a}{2}$$

$$\mathrm{tg}\,a + \mathrm{tg}\,b = \frac{\mathrm{sen}\,(a+b)}{\cos a\,\cos b} \qquad \mathrm{tg}\,a - \mathrm{tg}\,b = \frac{\mathrm{sen}\,(a-b)}{\cos a\,\cos b}$$

$$\mathrm{ctg}\,a + \mathrm{ctg}\,b = \frac{\mathrm{sen}\,(a+b)}{\mathrm{sen}\,a\,\mathrm{sen}\,b} \qquad \mathrm{ctg}\,a - \mathrm{ctg}\,b = \frac{\mathrm{sen}\,(b+a)}{\mathrm{sen}\,a\,\mathrm{sen}\,b}$$

A.10. FUNCIONES TRIGONOMÉTRICAS DEL ÁNGULO DOBLE

$$\mathrm{sen}\,2a = 2\,\mathrm{sen}\,a\cos a \qquad \cos 2a = \cos^2 a - \mathrm{sen}^2\,a$$

$$\mathrm{tg}\,2a = \frac{2\,\mathrm{tg}\,a}{1-\mathrm{tg}^2\,a} \qquad \mathrm{ctg}\,2a = \frac{\mathrm{ctg}^2\,a - 1}{2\,\mathrm{ctg}\,a}$$

A.11. FÓRMULAS QUE RELACIONAN LOS ELEMENTOS DE UN TRIÁNGULO RECTÁNGULO

Por la definición de las funciones trigonométricas, en la figura 12 se deducen las fórmulas que permiten resolver los distintos casos de triángulos rectángulos que se pueden presentar:

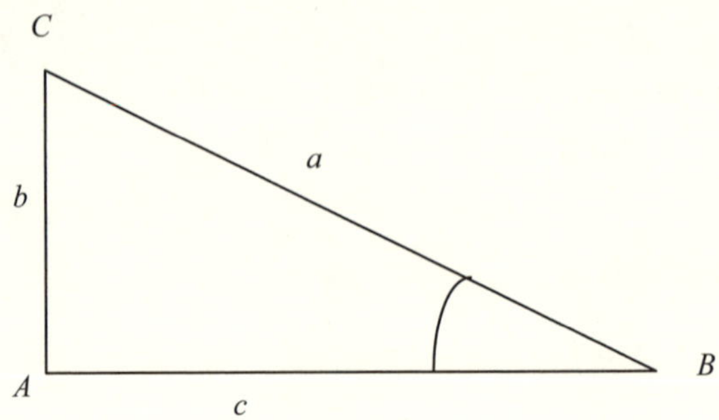

Figura 12

1. Un cateto es igual a la hipotenusa por el seno de su ángulo opuesto

$$\operatorname{sen} B = \frac{b}{a} \Rightarrow b = a \operatorname{sen} B$$

2. Un cateto es igual a la hipotenusa por el coseno del ángulo comprendido entre ambos:

$$\cos B = \frac{c}{a} \Rightarrow c = a \cos B$$

3. Un cateto es igual al otro cateto por las tangente del ángulo opuesto al primero:

$$\operatorname{tg} B = \frac{b}{c} \Rightarrow b = c \operatorname{tg} B$$

A.12. FÓRMULAS QUE RELACIONAN LOS ELEMENTOS DE UN TRIÁNGULO OBLICUÁNGULO

1. Fórmulas del seno (Figura 13):

$$\left.\begin{array}{l} h = a \operatorname{sen} B \\ h = b \operatorname{sen} A \end{array}\right\} \Rightarrow a \operatorname{sen} B = b \operatorname{sen} A \Rightarrow \frac{a}{\operatorname{sen} A} = \frac{b}{\operatorname{sen} B}$$

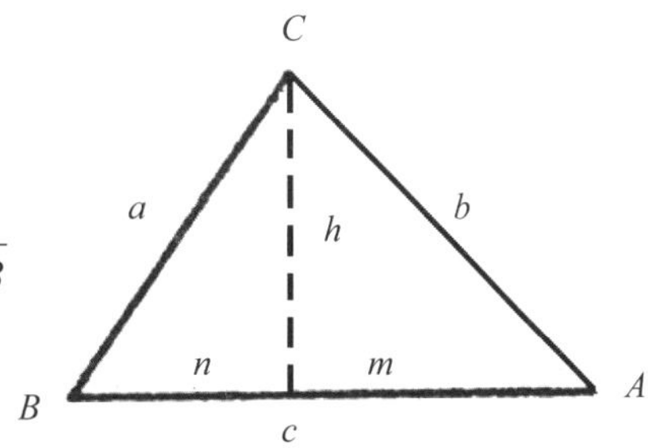

Figura 13

2. Fórmulas para los lados (Figura13):

$$\left.\begin{array}{l} n = a \cos B \\ m = b \cos A \end{array}\right\} \Rightarrow n + m = a \cos B + b \cos A \Rightarrow c = a \cos B + b \cos A$$

Análogamente se obtendrán:

$$a = b \cos C + c \cos B$$
$$b = c \cos A + a \cos C$$

3. Fórmulas del coseno

— El ángulo A es menor de 90º (Figura 14):

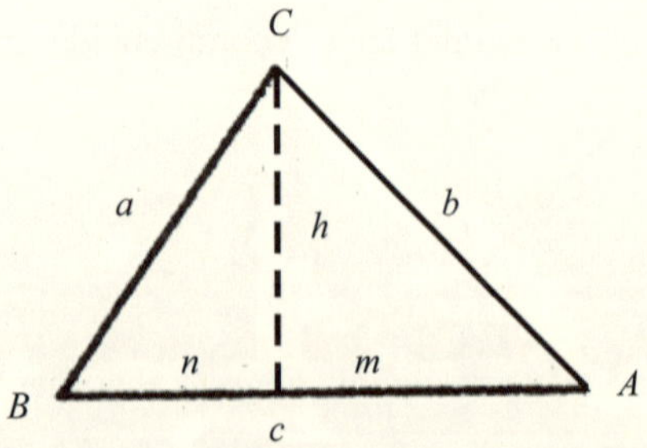

Figura 14

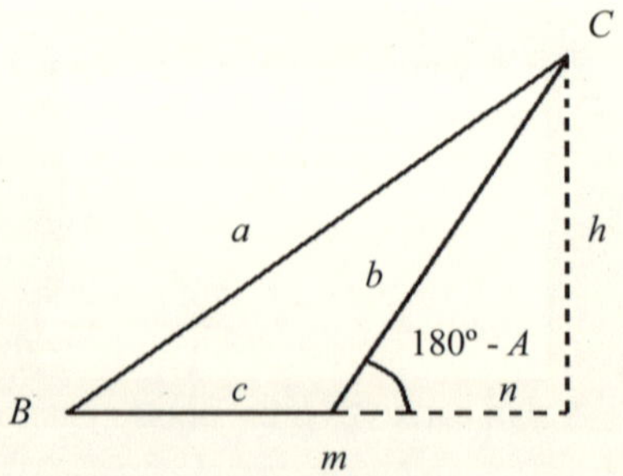

Figura 15

$$\left.\begin{array}{l} a^2 = h^2 + n^2 \\ h^2 = b^2 - m^2 \\ n^2 = (c-m)^2 = c^2 + m^2 - 2cm \\ m = b\cos A \end{array}\right\} \Rightarrow a^2 = b^2 + c^2 - 2bc\cos A$$

— El ángulo A es mayor de 90º (Figura 15):

$$\left.\begin{array}{l} a^2 = h^2 + m^2 \\ h^2 = b^2 - n^2 \\ m^2 = (c+n)^2 = c^2 + n^2 + 2cn \\ n = b\cos(180º - A) = -b\cos A \end{array}\right\} \Rightarrow a^2 = b^2 + c^2 - 2bc\cos A$$

Para los demás lados se cumplirá la misma relación:

$$b^2 = a^2 + c^2 - 2ac\cos B$$
$$c^2 = a^2 + b^2 - 2ab\cos C$$

4. Fórmulas de la cotangente (Figura 16):

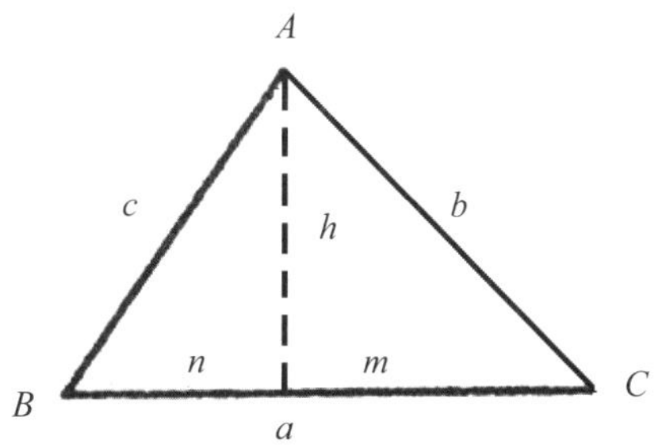

Figura 16

$$\left.\begin{array}{l} a = m + n \\ n = c\cos B \\ m = h\operatorname{ctg} C \\ h = c\operatorname{sen} B \end{array}\right\} \Rightarrow a = c\cos B + c\operatorname{sen} B\operatorname{ctg} C$$

Análogamente se obtendrían las fórmulas para los otros dos lados

Bibliografía

AYRES, F. Jr. (1987). *Trigonometría plana y esférica.* Mc. Graw Hill. Colección Shaum. Mexico.

AYRES, F. Jr.- MOYER, R.E. (1991). *Trigonometría.* 2ª Edición. Mc. Graw Hill. Mexico.

IGLESIAS MARTÍN, M.A. (1996). *Trigonometría Esférica. Breve introducción a la Navegación.* Servicio Editorial de la Universidad del País Vasco/Euskal Herriko Unibertzitatea. Leioa.

VILA MITJA, A. (1993). *Elementos de trigonometría esférica.* Ediciones UPC. Aula Teórica 11. Barcelona.

(1993). *Lloyd's maritime atlas of world ports and shipping places.* Lloyd's of London Press Limited. 17th ed. Colchester.